2019 年
全国优秀决策气象服务材料汇编

主　编：王冠岚
副主编：王　铸　杨　楠　向　欣

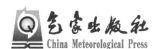

气象出版社
China Meteorological Press

内 容 简 介

经过专家评选,本书收录了 2019 年六大类共 42 篇国家级和省级优秀决策气象服务材料。为了提高书籍质量,本书编辑过程中,经过了各级气象部门遴选上报、专家评选、修订、校对等多个环节,力争达到更好的应用效果,供气象服务人员参考和借鉴。希望本书对于加强决策气象服务人员业务交流,启发和拓展服务思路,提高服务的敏感性、针对性和科学性具有更好的借鉴和指导意义。

图书在版编目(CIP)数据

2019 年全国优秀决策气象服务材料汇编 / 王冠岚主编. — 北京 :气象出版社,2020.12(2022.3 重印)
ISBN 978-7-5029-7353-7

Ⅰ.①2… Ⅱ.①王… Ⅲ.①气象服务-决策学-中国-2019 Ⅳ.①P49

中国版本图书馆 CIP 数据核字(2020)第 249139 号

2019 年全国优秀决策气象服务材料汇编

2019 Nian Quanguo Youxiu Juece Qixiang Fuwu Cailiao Huibian

出版发行:气象出版社			
地 址:北京市海淀区中关村南大街 46 号		邮政编码:100081	
电 话:010-68407112(总编室) 010-68408042(发行部)			
网 址:http://www.qxcbs.com		E-mail: qxcbs@cma.gov.cn	
责任编辑:陈 红		终 审:吴晓鹏	
责任校对:张硕杰		责任技编:赵相宁	
封面设计:地大彩印设计中心			
印 刷:北京建宏印刷有限公司			
开 本:787 mm×1092 mm 1/16		印 张:10	
字 数:250 千字			
版 次:2020 年 12 月第 1 版		印 次:2022 年 3 月第 2 次印刷	
定 价:60.00 元			

《2019 年全国优秀决策气象服务材料汇编》
编 写 组

主　　编：王冠岚

副 主 编：王　铸　杨　楠　向　欣

参编人员（按姓氏笔画排序）：

王亚伟　王秀荣　王维国　艾婉秀

陈　峪　张立生　张建忠　薛建军

前　言

2019年，我国天气形势复杂，灾害性天气频发，主要体现在强降水过程频繁、经济损失大；台风生成多、登陆少，但"利奇马"灾情重；高温强度强、持续时间长；风雹灾害极端性强、影响范围广等特点。在复杂的天气形势下，各级气象部门牢固树立大局意识、责任意识和服务意识，发扬了气象人精神，不断提升气象服务能力和技术水平，为各级政府和相关部门提供决策气象服务，圆满完成了暴雨、台风、强对流、高温、沙尘、雾和霾等各类灾害性天气事件的服务工作。同时也顺利完成了春运、两会、新中国成立70周年庆典活动、上海国际进口博览会、世界军人运动会以及四川凉山森林大火、浙江永嘉特大山体滑坡等重大活动和突发事件的气象保障服务工作。各级气象部门恪尽职守，为国家防灾减灾贡献力量，向党中央、国务院、相关部委及当地政府及时报送的决策气象服务信息，获得了批示和肯定，也取得了良好的服务效果。

为了促进各地、各级气象部门决策气象服务经验交流，深入提炼气象服务中的思路，提高决策气象服务业务能力，编者在参加评选国家级和省、市级决策气象服务的服务产品中，遴选出42篇优秀决策气象服务材料，汇编成此书。该汇编共涉及重大灾害性天气过程预报服务、天气气候监测评估与预测、生态环境保护、农业气象决策服务、气象保障决策服务、防灾减灾体系建设及其他六大类内容。材料汇编过程中，得到了国家气象中心、国家气候中心、国家卫星气象中心、中国气象局气象探测中心、中国气象局公共气象服务中心、中国气象科学研究院和各省（区、市）气象局的大力支持，在此一并表示感谢！

中国气象局决策气象服务中心

目　录

第一篇

重大灾害性天气过程预报服务

苏北地区三大湖泊蓄水继7月5日明显减少，
未来10天以高温天气为主，要继续做好蓄水调水工作

杭鑫　李亚春　王啸华　田心如
（江苏省决策气象服务中心　2019年7月22日）

摘要：入汛以来，苏北地区主要湖泊水域降水异常偏少，气温偏高。卫星遥感监测表明，苏北地区三大湖泊蓄水继7月5日明显减少，未来10天，苏北以晴热高温天气为主，建议继续做好蓄水调水工作，保障城乡居民生活及农业用水需要。

一、气象卫星监测结果

受降雨持续偏少和生产生活用水的共同影响，江苏省苏北地区三大湖泊蓄水继续明显减少。7月21日气象卫星监测结果显示，洪泽湖、高邮湖和骆马湖水体面积较7月5日分别减少14.5%、6.4%和7.0%；与2018年同期相比，洪泽湖水面面积减小27.4%，高邮湖减小25.3%，骆马湖减小13.9%。具体监测结果见图1-1和表1-1。

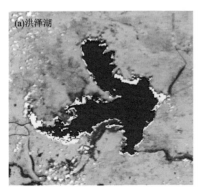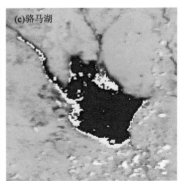

图1-1　2019年7月21日苏北三大湖泊EOS/MODIS卫星监测图

（蓝色为水体，黄色表示干涸区）

表1-1　2019年7月21日苏北地区三大湖泊面积遥感监测结果（单位：平方千米）

时间	洪泽湖	高邮湖（含邵伯湖）	骆马湖
2019年7月21日	944	511	241
2019年7月5日	1104	546	259
2018年7月13日	1301	684	280

二、主要气象条件及影响分析

入汛以来,苏北地区主要湖泊水域降水明显偏少,气温偏高。5月1日至7月21日,洪泽湖流域平均降水量较常年同期偏少 52.1%,高邮湖流域偏少 64.9%,骆马湖流域偏少 43.9%,平均气温较常年同期偏高 0.3~1.3℃(表1-2)。

据江苏省气象台预测:未来10天,江苏省苏北地区主要有两次降水过程,25—26日沿淮和淮北地区有一次中雨过程,27—29日江苏省西北部有小范围暴雨,但整体降水量偏少;同时,将出现大范围持续高温天气,沿淮淮北最高气温 38~39℃,淮河以南最高气温 36℃左右。高温天气蒸发消耗大,湖库蓄水总量还可能继续减少。为此建议做好湖库蓄水及调水工作,保障城乡居民生活及农业用水需要。

表1-2 苏北地区三大湖泊流域入汛以来(5月1日至7月21日)气温、降水状况

湖泊	降水量(毫米)	降水距平百分率(%)	平均气温(℃)	气温距平(℃)
洪泽湖	181.8	−52.1	23.8	0.3
高邮湖	144.2	−64.9	24.6	1.0
骆马湖	207.5	−43.9	24.7	1.3

未来 10 天湖南省将出现强降雨集中期

蔡荣辉　唐杰　周慧　李巧媛　杨云芸　刘金卿　李蔚

黄娟　徐靖宇　蔡瑾婕　傅承浩

（湖南省气象台　2019 年 7 月 5 日）

摘要：未来 10 天湖南省将再次出现降雨集中期，降雨分为三个阶段：7 月 5—6 日湘中一带将出现一次较强降雨过程；7—10 日和 12—14 日将先后出现两次自北向南的强降雨过程，大部分地区将有大到暴雨，部分大暴雨天气。未来 10 天强降雨过程多、持续时间长、累计雨量大、影响范围广、短时雨强强，将对洞庭湖、湘江、资水和沅水流域造成影响大，出现流域性洪水、山洪、地质灾害和城乡内涝的可能性大，致灾风险大，尤其警惕沅水上游、资水和湘江流域。

一、天气预报

未来 10 天湖南省将出现强降雨集中期，雨带一直在湖南省维持，多地将有大到暴雨，部分大暴雨天气。降雨主要分三个阶段：7 月 5—6 日湘中一带有较强的对流性降水过程发生，7—10 日省内自北向南将有持续性强降雨过程发生，并伴有短时强降水、雷暴大风等强对流性天气；12—14 日省内自北向南还将有一次强降雨过程发生。

预计累计降雨量：7—10 日过程湘西南、湘中部分地区 100～220 毫米，湘西南局地可达 300 毫米，其他地区 70～100 毫米（图 1-2）；12—14 日过程湘北、湘东南 60～100 毫米，局地可达 150 毫米左右，其他地区 30～50 毫米（图 1-3）。具体预报如下：

5—6 日，湘中一带有中等阵雨或雷阵雨，局地大到暴雨，其他地区有阵雨或雷阵雨。

7 日，湘中以北、湘西南有中等阵雨或雷阵雨，部分大到暴雨（常德、湘潭、怀化北部），局地大暴雨（怀化中南部、益阳、岳阳、娄底、长沙、邵阳），其他地区有阵雨或雷阵雨。

8—9 日，湘中以南、湘东北中等阵雨或雷阵雨，部分大到暴雨（衡阳、娄底、长沙），局地大暴雨（岳阳、怀化南部、邵阳、永州），其他地区有阵雨或雷阵雨。

10 日，湘东南、湘东中等阵雨或雷阵雨，部分大雨，局地暴雨（永州、郴州、株洲南部、岳阳南部、长沙），其他地区有阵雨或雷阵雨。

11 日，降雨短暂减弱，湘南、湘西北中雨，局地大雨，其他地区阵雨转多云。

12 日，湘中以北中等阵雨或雷阵雨，部分大到暴雨（湘西州、张家界、常德、怀化北部、益阳北部），局地大暴雨（岳阳），其他地区有阵雨或雷阵雨。

13—14 日，雨带快速南压，湘南中雨，部分大雨，局地暴雨（永州、郴州、衡阳及株洲南部），其他地区多云。

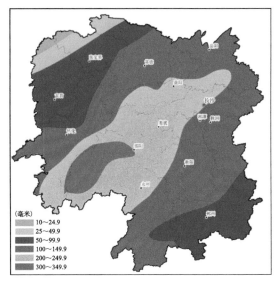

图 1-2 湖南省 7 月 7 日 08 时至 11 日 08 时
降水量预报图

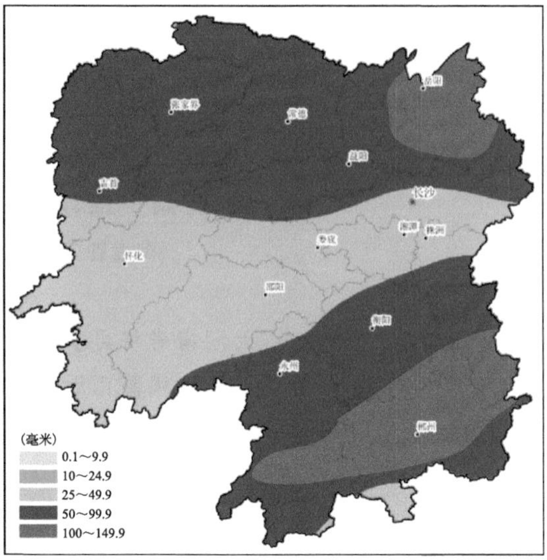

图 1-3 湖南省 7 月 12 日 08 时至 14 日 08 时
降水量预报图

二、周边省市天气预报

5 日,贵州中南部、广西北部、江西中部中雨,局地大到暴雨。

6 日,贵州中南部、广西北部、江西中部中到大雨,其中贵州南部和江西中部局地暴雨 (60~80 毫米)。

7 日,贵州中南部、广西中北部、江西中部大雨,部分暴雨,其中广西东北部局地大暴雨 (100~120 毫米)。

8 日,贵州东南部、广西大部、江西中北部中到大雨,部分大到暴雨,其中广西东北部局地大暴雨(100~150 毫米)。

三、气象建议

(1)需加强防御 7—10 日和 12—14 日省内强降雨过程可能诱发的流域性洪水、山洪、地质灾害及城乡内涝等次生灾害,以及过程伴随的短时强降水、雷暴大风等强对流天气可能造成的灾害影响。

(2)5—6 日湘中以南将出现较强降雨,需警惕后期强降雨过程的叠加效应,提前做好强降雨可能诱发的次生灾害风险、隐患排查工作。

13号台风"玲玲"将于9月7—8日影响吉林省

袭祝香　孙鸿雁　陈长胜

（吉林省气象台　2019年9月4日）

摘要：受台风"玲玲"影响,9月7—8日吉林省中东部地区将有大到暴雨,部分地方有大暴雨,累积最大降水量可达100～140毫米,同时中部部分地区有5级左右偏北风,瞬间风力可达7级。建议重点防范强降雨带来的山洪地质灾害和中小河流洪水、城市内涝等灾害,同时注意防御风灾。

一、13号台风"玲玲"最新动态

2019年第13号台风"玲玲"于9月2日上午生成,4日08时中心位于台湾省宜兰县东南方向,中心附近最大风力有12级(35米/秒),中心最低气压为970百帕。

预计台风"玲玲"将逐渐向偏北方向移动,于5日下午到晚上进入东海南部海域,强度逐渐增强至台风级或强台风级(13～14级,40～45米/秒);此后,台风将沿我国东部沿海进一步北上,强度逐渐减弱,预计于8日早晨在朝鲜半岛登陆,登陆时强度为强热带风暴级。

二、未来对吉林省的影响预报

据目前资料分析,7—8日台风"玲玲"将给吉林省带来较大风雨影响,吉林省中东部地区将有大到暴雨,部分地方有大暴雨,累积最大降水量可达100～140毫米,同时中部部分地区有5级左右偏北风,瞬间风力可达7级。

另外,5—6日受低空切变影响,吉林省东南部有中到大雨,部分地方有暴雨,其他地区有阵雨或雷阵雨。

三、分析与建议

一是应继续做好水库防汛工作。二是中东部地区应防范洪涝、泥石流、山体滑坡等衍生灾害。三是中东部需防范城区积水和低洼农田内涝等灾害,低洼水田可提前排水晒田,预防秋涝。四是中部地区应注意防范大风造成的作物倒伏、蔬菜大棚损毁等灾害。

台风移动路径和未来对吉林省具体影响还有较大不确定性,吉林省气象局将继续密切监视,及时发布最新台风动态,并做好相关滚动预报预警服务工作。

继续发布台风影响风雨预报

王承伟　李兴权　马国忠　庞博

（黑龙江省气象台　2019 年 9 月 7 日）

摘要： 受第 13 号台风"玲玲"减弱后的系统影响，9 月 7 日夜间至 8 日白天，黑龙江省的绥化局部、哈尔滨南部、伊春北部、三江平原北部、牡丹江西部有暴雨，局地大暴雨，同时全省风力较大。6 日 17 时黑龙江省气象局启动重大气象灾害（台风）Ⅳ 级应急响应命令，9 日 08 时响应结束。这是 2019 年黑龙江省第四次受台风减弱系统的影响出现暴雨天气，主要降水区域仍集中在中东部地区，与 8 月中旬减弱的第 9 号台风"利奇马"、第 10 号台风"罗莎"系统影响区域基本一致，也是中小河流超警戒水位的集中区域。

一、台风影响风雨预报

受 2019 年第 13 号台风"玲玲"减弱后的系统影响，预计 9 月 7 日夜间至 8 日白天，牡丹江西部、哈尔滨东部、双鸭山西部、佳木斯西部、鹤岗、伊春中北部有暴雨（降雨量 50～80 毫米），其中哈尔滨东部、鹤岗西部局地有大暴雨（100～120 毫米），哈尔滨西部、牡丹江东部、伊春南部、鸡西、七台河、佳木斯东部、双鸭山东部有大雨（25～50 毫米），其他大部地区有中雨或小雨（图 1-4）。

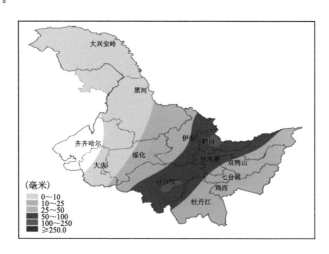

图 1-4　黑龙江省 2019 年 9 月 7 日 20 时至 8 日 20 时降水量预报图

降雨同时可能伴有短时强降水（最大小时雨强在 30～50 毫米）、雷电大风等强对流天气；能见度低、道路湿滑，请注意预防。

具体暴雨区域如下:

尚志、延寿、萝北局地有大暴雨,海林、五常、阿城、宾县、依兰、方正、通河、木兰、双鸭山、集贤、桦南、佳木斯、桦川、富锦、汤原、同江、绥滨、鹤岗、伊春、嘉荫有暴雨。

大风预报:

7 日夜间至 8 日白天,中东部地区自南向北出现大风,风向变化大。伊春、鹤岗有 6～7 级偏东转东北风,绥化、哈尔滨有 6～7 级东北转西北风,佳木斯、双鸭山、鸡西、七台河、牡丹江有 6～7 级东南转偏东风,上述地区阵风 8～9 级,其中佳木斯东部、双鸭山东部、鸡西局地阵风可达 10 级(图 1-5)。

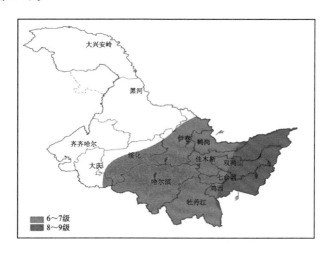

图 1-5 黑龙江省 2019 年 9 月 7 日 20 时至 8 日 20 时大风落区预报图

二、关注与建议

本次过程雨量大、风力大,风雨叠加,影响大,各地持续时间在 9～12 小时。黑龙江省气象台上午发布了暴雨蓝色预警信号、大风蓝色预警信号、暴雨诱发中小河流洪水橙色(黄色)气象风险预警,黑龙江省自然资源厅和气象局联合发布地质灾害橙色(黄色)气象风险预警。

(1)前期江河水位较高,中东部地区请继续做好中小河流洪水及水库的防汛工作;山区半山区注意预防山洪、滑坡、塌方、泥石流等灾害;暴雨与大风天气可能对堤坝造成不利影响,请注意预防。

(2)做好防范风灾工作。停止高空危险作业等户外活动;提前加固棚靠、临时建筑物、广告牌、园林行道树,刮风时行人不要在广告牌、临时搭建物等下面逗留;保障防汛人员安全。相关农区要采取预防农作物倒伏措施并做好后期补救工作。

(3)注意防范城乡内涝、隧道涵洞积水、危房倒塌、路面塌陷;同时需做好公路、铁路、民航、城市交通、建筑施工、电力及通信的基础设施安全管理工作。

(4)机场、高速公路等单位应当采取保障交通安全的措施。

受台风"利奇马"影响天津市将有暴雨强风天气

汪靖　易笑园　杨晓君　段丽瑶

(天津市气象台　2019 年 8 月 10 日)

摘要：超强台风"利奇马"8 月 10 日 10 时位于浙江省金华市磐安县境内,距天津 1100 千米。预计"利奇马"将以每小时 15 千米的速度向偏北方向移动,11 日夜间再次登陆山东半岛。"利奇马"登陆后北上,10 日夜间至 13 日将给天津及海河流域带来持续性强降雨,渤海海域有 10～12 级大风。建议提前做好应对强降雨和大风的各项准备工作。

一、台风"利奇马"最新动态及影响

超强台风"利奇马"已于 8 月 10 日 01 时 45 分前后在浙江温岭登陆。10 日 10 时,"利奇马"位于浙江省金华市磐安县境内,北纬 29.1°、东经 120.6°,距天津 1100 千米,最大风速 30 米/秒(11 级),近中心气压 972 百帕,减弱为强热带风暴级别。据预测,"利奇马"将以每小时 15 千米的速度向偏北方向移动,强度逐渐减弱。11 日夜间可能再次登陆山东半岛,12 日从莱州湾进入渤海后缓慢移动或回旋少动。

受"利奇马"影响,浙江中东部出现大雨或暴雨,宁波、台州局地特大暴雨(250～389 毫米);浙江东部和北部、福建东部沿海出现 8～10 级阵风,沿海岛屿最大阵风 12～14 级。截至 10 日 06 时,浙江温岭最大累积降雨量达 388.9 毫米。

二、天气预报

"利奇马"登陆后北上,其台风倒槽与北方南下冷空气结合,将可能在天津及海河流域产生持续性强降雨,渤海海域将有 10～12 级大风。具体预报如下：

降雨：预计 10 日后半夜至 12 日夜间本市有暴雨,局部大暴雨,累积雨量 70～120 毫米,局部地区达 150 毫米(图 1-6)。主要降雨时段在 11 日白天,最大小时雨强 40～70 毫米/小时。

大风：预计 11—13 日本市有 6 级大风阵风 8 级,其中,天津滨海新区及宁河等东部沿海地区有 8 级大风阵风 10 级,渤海海面风力可达 10～12 级。大风主要影响时段在 11—13 日。

海河流域：预计 10 日夜间至 13 日天津海河流域将出现一次强降雨过程。流域东部将有暴雨到大暴雨,累积雨量 70～120 毫米,其中徒马河下游、滦河下游有大暴雨,雨量 150～200 毫米。其他地区小到中雨(图 1-7)。

天津市气象台将于今天傍晚前后发布台风蓝色预警信号,滨海新区、宁河区等沿海地区

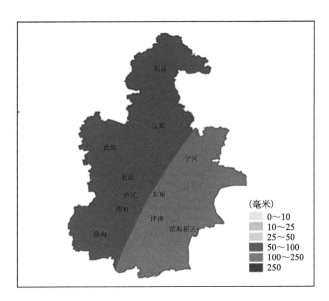

图 1-6　10 日 20 时至 13 日 20 时天津降水预报图

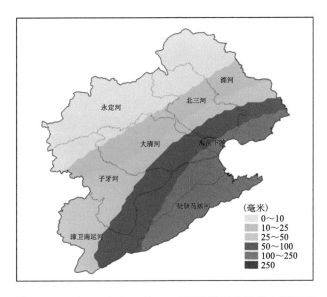

图 1-7　10 日 20 时至 13 日 20 时天津海河流域降水预报图

发布台风黄色预警信号,并视情况发布暴雨预警信号。

三、关注与建议

(1)台风影响期间风力大,海上作业和过往船舶应当回港避风,加强沿海堤防、重点工程及灾害隐患点的安全巡查和应急加固等。

(2)台风影响期间正值天文高潮位,要注意防范"风雨潮"三碰头的情况,防范台风暴雨可能引发的城市内涝和农田渍涝。

（3）近期持续性降雨，蓟州山区要防范强降雨引发的泥石流、滑坡等次生灾害，加强地质灾害隐患点的巡查和监测。

（4）防范陆地大风，及时调整高空作业，加固或拆除易被风吹动的搭建物，妥善安置易受大风影响的室外物品。

（5）当前正值暑期和旅游高峰期，防范台风灾害对涉海、涉岛及地质灾害易发地区旅游安全的影响，及时调整旅游景区开放时间。

由于"利奇马"的移动路径具有极大的不确定性，我们将继续关注它的移动路径调整动态，做好跟踪天气预报。

台风"玲玲"将在朝鲜西部至我国辽宁省沿海一带登陆，
东北地区等地将有强风雨，需做好灾害防御工作

杨琨　张立生　高栓柱　马学款

（国家气象中心　2019 年 9 月 6 日）

摘要：2019 年第 13 号台风"玲玲"将于 9 月 7 日夜间到 8 日凌晨在朝鲜西部到我国辽宁省东南部一带沿海登陆（强热带风暴级，10～11 级，25～30 米/秒），随后移入我国东北地区并带来强风雨天气。2012 年，历史相似台风"布拉万"曾导致东北地区出现大范围作物倒伏和农田积涝。建议东北地区加强防御台风"玲玲"对农业生产的不利影响以及强降雨可能引发的次生灾害。

2019 年第 13 号台风"玲玲"（超强台风级）的中心 9 月 6 日 11 时位于浙江省舟山市东偏南方约 305 千米的东海中部海面上，中心附近最大风力有 16 级（52 米/秒）。预计，"玲玲"将以每小时 30～35 千米的速度向偏北方向移动，强度变化不大，6 日夜间将进入黄海南部海面，强度明显减弱，并将于 7 日夜间到 8 日凌晨在朝鲜西部到我国辽宁省东南部一带沿海登陆（强热带风暴级，10～11 级，25～30 米/秒），随后将移入我国东北地区，逐渐变性为温带气旋。

大风预报：6—8 日，台湾以东洋面、我国钓鱼岛附近海域、东海大部、黄海中南部将有 8～11 级大风，"玲玲"中心经过的附近海域风力可达 12～16 级，阵风 17 级或以上；浙江沿海、杭州湾、长江口区、上海沿海、江苏沿海、山东沿海等地将有 6～7 级大风，阵风 8～9 级。另外，7—8 日，辽宁、吉林、黑龙江三省的中东部地区将有 6～9 级阵风，部分地区阵风可达 10 级。

降雨预报：7—8 日，辽宁东部、吉林中东部、黑龙江中东部及山东半岛东部等地有大到暴雨（图 1-8），部分地区有大暴雨，最大小时降雨量 30～50 毫米；上述地区累计降雨量 40～100 毫米，局地 120～160 毫米。受降雨影响，辽宁东部、吉林中部、黑龙江东部等局地发生山洪和地质灾害气象风险较高，松花江中下游、第二松花江、乌苏里江、辽河中下游的中小河流洪水气象风险较高。

关注与建议：2012 年 8 月，台风"布拉万"登陆朝鲜沿海并进入我国黑龙江和吉林，东北地区出现强风雨，辽宁最大降雨量超过 200 毫米，导致东北地区大范围作物倒伏和农田积涝，农业受灾严重。今年第 13 号台风"玲玲"也将给东北地区带来强风雨影响，建议采取疏通沟渠、排涝除湿和加固农业设施等措施，避免或减轻台风对农业的不利影响。

目前松辽流域有多条河流水位超警，东北地区强降雨将加大发生中小河流洪水以及山洪、地质灾害的气象风险，需加强灾害隐患点排查，防范可能出现的次生灾害。东海、黄海、

华东沿海等海域需防范海上大风对航行船只和海上作业平台的不利影响。

此外,2019 年第 15 号台风"法茜"5 日下午生成,预计"法茜"将逐渐向日本以南洋面靠近,未来对我国海区无影响。

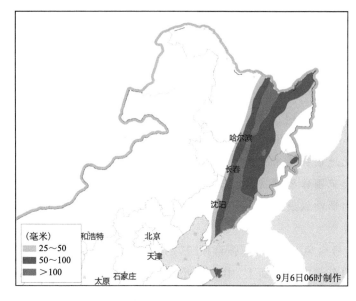

图 1-8　降雨量预报图(9 月 7—8 日)

第二篇

天气气候监测评估与预测

2019年湖北省伏秋连旱为近60年来最重，需高度关注气候变化对防灾减灾带来的影响

刘敏　刘可群　刘志雄　郭广芬　汤阳　万君

（武汉区域气候中心　2019年12月23日）

摘要：分析了2019年湖北省中东部出现的历史同期罕见严重伏秋连旱的特征和成因以及对人民群众生活、农业、水资源、生态环境等的影响，提出了提高极端气候事件应对能力、更好适应气候变化的三点建议。

2019年湖北省中东部地区出现历史同期罕见严重伏秋连旱，对人民群众生活和农业、水资源、生态环境等均造成较为严重的影响。气候监测分析和影响调查评估结果表明，湖北省2019年的伏秋连旱为近60年来最重，其主要原因是以变暖为主要特征的气候变化带来的大气环流异常所致。适应气候变化工作，提升极端气候事件应对能力是当前须面对的一项紧迫任务。

一、伏秋连旱特征及影响

（一）干旱特征

降水量异常偏少、无降水时间长。7月20日至11月23日，中东部地区无降水日数多达100～111天，比常年同期偏多10～25天，孝感、黄陂等30县（市）位列历史同期首位。降水量为54～200毫米，其中鄂东北大部及江汉平原南部等地不足100毫米，洪湖、云梦、英山、罗田降水量分别只有54毫米、60毫米、66毫米、69毫米，较历史同期偏少5～8成，大多数县（市、区）为近60年来同期最少。

气温显著偏高、高温日数史上最多。7月20日至11月23日，中东部气温偏高1.5～2.5℃，高温日数长达35～53天，较常年同期偏多22～44天。平均气温为近60年来同期最高，高温日数为同期最多。云梦等12个县（市）持续高温日数达历史极值，其中10县（市）突破历史纪录。

干旱持续时间为近60年来最长、强度最重。持续高温少雨，导致蒸发量大、失水快，旱情发展迅速。至8月中旬末，中度及以上气象干旱县（市）达50%以上，发生伏旱；9月，中东部大部地区几乎无降水，出现伏秋连旱；至10月4日，中东部地区均达重旱至特旱。10月5日开始，先后出现几次降水过程，中东部旱情有所缓和。10月20日至11月23日晴多雨少天气，使得东部旱情持续并有所发展。截至11月23日，中东部地区重度及以上气象干旱日数在60天以上，其中云梦、英山、罗田分别持续119天、118天、106天，重度及以上气象干旱累计达2845天。干旱持续时间及强度均超过1961年以来伏秋连旱最重的1966年，为近60

年来之最。

（二）干旱主要影响

农业生产影响大。伏秋连旱对农作物的不利影响主要体现在三个方面：一是水稻空壳率增高、玉米灌浆减缓，灌溉条件较差的丘陵岗地水稻、秋玉米、大豆等减产严重。二是东部茶园普遍出现严重旱情，夏秋茶减产减收，部分茶园秋茶绝收。三是降低水产品产量和质量，螃蟹上市比往年晚半个多月，成熟度不足；10 月底天门市 25 万亩虾稻田有近一半未进水。四是影响秋播进度和质量，全省油菜和露地蔬菜播种普遍偏迟 10 天以上；已播种田块断垄断苗、成苗率降低，苗情长势较差，难以形成冬前壮苗。

水资源影响明显。据省水利厅 10 月 21 日统计，全省水库总蓄水量比历史同期偏少15％，近 600 座水库低于死水位，五大湖泊蓄水较历史同期偏少 7％；全省 20 条主要中小河流中有 14 条河流水位较同期均值偏低，径流量总体偏少 5 成。截至 10 月 30 日，长江干流汉口站和汉江下游汉川站水位较同期分别偏低 4.59 米和 2.50 米。由于蓄水偏少且得不到有效补充，部分受旱地区生活生产用水水源急剧减少，导致群众生活饮水困难，部分城镇自来水供应不足，采取限时限量供水。

生态环境影响较大。旱区植物早衰或因干旱而死亡，导致森林火险等级高。据卫星监测显示，中东部 9 月植被指数（NDVI）为近 4 年最低，非森林防火期的 9 月下旬到 10 月初共发生 40 多起森林火灾。受低湿暖秋天气影响，植物产生季节"混淆"，桂树开花普遍推迟一个月左右，武汉大学樱花 10 月中旬再度开花。同时，由于长时间高温少雨，加重了颗粒物污染和臭氧污染。

二、伏秋连旱成因分析

湖北省降水主要受西太平洋副热带高压外围水汽和中高纬冷空气共同影响。受全球气候变暖和厄尔尼诺现象影响，今年大气环流特别异常。一是副热带高压位置异常偏西偏北。西太平洋副热带高压是东亚大气环流的重要成员，其年际和年代际变化直接影响我国天气和气候变化。受气候变暖影响，自 1961 年以来夏季西太平洋副热带高压呈现面积增大、强度增强、位置西扩的变化趋势。今年这种特点更加明显，导致湖北省长时间受强盛的副高下沉气流控制，水汽条件差、降水少。二是冷空气不给力，西路冷空气受大陆高压阻挡，无法顺利到达湖北省。三是今年台风降雨少，虽然今年台风十分活跃，但是由于路径偏西或北上，对湖北省影响较小。

三、对策建议

湖北是气候变化的敏感区和影响显著区，为更好适应气候变化，提高极端气候事件应对能力，建议：

（1）加强适应气候变化工作，提高灾害应对能力。研究表明，自 20 世纪 70 年代后期以来，气候变暖的影响使极端厄尔尼诺事件发生更加频繁，旱涝转换加快，加大了水循环与水资源系统的不确定性。如 2011 年冬春连旱、2016 年夏涝、2017 年秋汛和 2019 年伏秋连旱等气候极端事件均为历史少见。气候预估显示,未来 80 年,湖北省平均气温仍呈上升趋势,高温事件、强降水和旱涝发生频率增加。因此,需高度重视适应气候变化工作,在长期规划和大型基础设施建设中充分考虑气候变化的风险因素。

(2)合理利用水资源,降低水资源的脆弱性。一是加强水利基础设施建设,加强抗旱重大骨干水源工程和小型水库、引调提水、抗旱应急备用井等应急水源工程建设。二是加强旱情监测预报评估系统建设,提高干旱风险管理能力。三是加大水资源综合利用力度,优化水资源配置,减少水资源系统对气候变化的脆弱性。

(3)合理调整农业产业结构,促进农业可持续发展。一是加强气候变化背景下农业种植养殖气候适应性分析。二是优化农业种植布局,以适应农业气候资源变化。如鄂北易旱区改水稻为玉米、大豆或薯类等旱作物,推广旱作农业和保护性耕作技术。三是因水制宜发展资源节约型、环境友好型的高效、生态、安全的现代农业,提升农业生产效益,促进粮食安全及农业的可持续发展。

台风影响预评估显示超强台风"利奇马"将影响约 2.3 亿人，可能造成直接经济损失 300 亿～400 亿元

叶殿秀　尹宜舟　邹旭恺　常蕊　肖潺

（国家气候中心　2019 年 8 月 11 日）

摘要：2019 年第 9 号台风"利奇马"于 8 月 10 日在浙江省温岭市沿海登陆，登陆时中心附近最大风力 16 级（52 米/秒，超强台风级），中心最低气压 930 百帕。"利奇马"是今年以来登陆我国的最强台风，也是 1949 年以来登陆浙江台风中的第三强。国家气候中心对台风"利奇马"灾害风险进行预评估，结果显示：8 月 8—13 日，全国中等及以上台风灾害风险主要集中在浙江东部和北部、上海、江苏大部、河北东部以及山东部分地区，累计覆盖面积约为 25.6 万平方千米，将影响约 2.3 亿人，可能造成直接经济损失 300 亿～400 亿元。

2019 年第 9 号台风"利奇马"于 8 月 4 日下午在西北太平洋洋面生成，7 日 23 时加强为超强台风，10 日 01 时 45 分前后在浙江省温岭市沿海登陆，登陆时中心附近最大风力 16 级（52 米/秒，超强台风级），中心最低气压 930 百帕。"利奇马"是今年以来登陆我国的最强台风，也是 1949 年以来登陆浙江台风中的第三强，仅次于 0608 号台风"桑美"和 5612 号台风"温黛"。

受"利奇马"影响，8 月 8—10 日，浙江大部、江苏大部、山东西部和中部及上海等地累积降水量 50～100 毫米，浙江东部和北部、江苏北部和南部的部分地区及上海 100 毫米以上，其中浙江温岭、临海、北仑、宁海、三门、玉环，江苏东海，山东昌乐、临朐、青州等地累积降水量超过 300 毫米，局地超过 800 毫米。8 日以来，浙江东部和北部、福建北部沿海、上海、江苏东北部和中南部沿海、安徽东北部、山东北部等地出现 8～11 级阵风，浙江东部沿海岛屿、山东青岛和泰安局地 12～15 级，温岭石塘镇三蒜岛（61.4 米/秒）、椒江区南岙村（60.3 米/秒）、温岭北港（57.8 米/秒）等地风速达到或超过 17 级。

中央气象台预计，8 月 11—14 日，黄淮中东部、华北东部、东北地区大部等地大到暴雨，部分地区大暴雨，局地特大暴雨；江淮东部、黄淮中东部、华北东部、东北地区南部等地部分地区 6～8 级及以上大风。

国家气候中心基于数值预报结果及台风风险评估模型对台风"利奇马"灾害风险进行预评估，结果显示：8 月 8—13 日，全国中等及以上台风灾害风险主要集中在浙江东部和北部、上海、江苏大部、河北东部以及山东部分地区，累计覆盖面积约为 25.6 万平方千米，影响人口约 2.3 亿人。其中，11—13 日，累计覆盖面积、影响人口分别约为 10.7 万平方千米、0.97 亿人。基于台风灾害损失评估模型，国家气候中心预计台风"利奇马"将造成直接经济损失 300 亿～400 亿元。

连续温高雨少,气象干旱已显现,
预测 2019 年冬季至 2020 年春季呈持续发展态势

郝全成　张羽　杜尧东　彭勇刚　张银河

李天然　黄珍珠　王娟怀　罗晓玲

(广东省气候中心　2019 年 11 月 7 日)

摘要:2019 年 9 月以来,广东省平均降雨量偏少近 4 成,气象干旱已显现。预计 11 月广东省降水量将偏少 2~4 成,今冬明春全省降雨量仍将偏少 2 成左右,发生秋冬春连旱可能性大。持续温高雨少天气将带来诸多不利影响,如森林火灾风险极高、雾霾天气多发频发、江河补水不足易导致水质变差、明年春耕春播生产用水匮缺等。建议积极采取有效措施减轻持续干旱带来的不利影响。

一、连续温高雨少天气,广东省气象干旱已显现

气象水文监测显示,2019 年以来(1 月 1 日至 11 月 6 日),广东省平均降雨量 1903.0 毫米,较近 30 年同期偏多 10%左右;北江、西江平均流量较多年同期偏少 40%左右,东江、韩江较多年同期偏少 5%~10%;除东江流域的大型水库蓄水量较去年同期偏多 15%外,其他大、中型水库的蓄水量与去年同期基本持平。但 9 月以来广东省无台风登陆影响,基本维持温高雨少天气,全省平均气温 25.9℃,较近 30 年同期偏高 0.8℃。降水偏少,全省平均降雨量 144.6 毫米,较近 30 年同期偏少 39%,其中粤东地区偏少 80%以上,特别是 10 月以来,粤东市县降水普遍不足 5.0 毫米,甚至部分市县滴雨未下,为历史同期最少。

9 月中旬,广东省气象干旱开始露头,并呈持续发展态势。最新气象监测显示,清远、肇庆、潮汕地区、韶关北部、梅州中部、茂名中北部等地有 18 个市县达到气象干旱中度级别,6 个市县达到重旱级别。

二、预测今冬明春降雨仍偏少,气象干旱将持续发展

预计,11 月广东省仍将维持温高雨少天气形势,气象干旱持续发展,秋旱已成定局。气候预测显示,2019 年冬至 2020 年春广东省大部气温偏高,降水偏少,除西南部外,广东省大部气象干旱将持续发展。冬季(12 月至明年 2 月)珠三角部分地区、粤东、粤北雨量较近 30 年同期略偏少,明年春季(3—5 月)珠三角部分地区、粤东、粤北雨量偏少 1~2 成。2020 年 2—4 月是春耕春播用水高峰期,广东省部分地区雨量可能显著偏少。另外,预计周边省份如广西、湖南、江西、福建的 11 月及今冬明春雨量都将持续偏少,西江、北江、韩江上游补充水源不多,未来我省抗旱形势不容乐观。

三、旱情影响情况分析

(1)森林防火灭火形势严峻。秋冬春气候温高雨少,林内可燃物易燃性增大,森林火灾风险加大。特别是春节等节假日,林区旅游、学生放假、燃放烟花爆竹、祭祀等活动增多,不利气象条件下人为造成火患的几率明显增大。

(2)导致雾霾天气易发频发。广东省雾霾天气主要出现在 10 月至次年 3 月。今冬明春气候总体温暖干燥,大气条件多呈静稳状态,导致污染扩散条件差,加上自然降水偏少,雨水冲刷效应减弱,增大雾霾天气的出现概率,从而降低空气质量。

(3)影响明年春耕春播生产用水。2 月下旬至清明节前后,是广东省春耕春播生产用水高峰期,秋冬连旱加春季降水明显偏少,严重影响春耕春播生产用水,尤其是影响早稻移栽进度,进而影响到晚稻生产季节。

(4)江河补水不足易导致水质变差。广东省持续降水偏少,气温偏高地表蒸发加大,难以形成有效的地面径流,加上周边省份今冬明春雨量都将持续偏少,上游来水不多,江河补水不足易导致水质变差。

四、对策与建议

(1)加强用水调度管理。坚持全省一盘棋,各地大中水库需加强用水调度管理,确保城乡居民生活用水和练江等中小河流的生态用水。

(2)适时开展人工增雨作业。秋冬春降水总体偏少,气象干旱持续的可能性大,各地需提前做好人工增雨作业的准备工作,适时开展人工增雨作业,为工农业生产和城乡居民生活用水提供保障。

(3)强化污染物排放管理及林火防控。加大巡查与监管力度,督促企业减少污染物排放,降低雾霾出现的概率。密切监测天气及森林火险等级变化,加强火源管控和防火督查,杜绝人为火源引发火灾。

广东省气象局将密切监视天气气候变化,严密监测气象干旱发展动态,及时跟踪并报送相关监测预报预警信息。

重庆市今冬明春气候趋势预测

董新宁　唐红玉

（重庆市气候中心　2019 年 11 月 6 日）

摘要：预计重庆市今年冬季（2019 年 12 月至 2020 年 2 月，下同）平均气温东北部偏北地区较常年同期偏低 0.2～0.5℃，其余地区偏高 0.2～0.7℃，各地均接近去年同期，海拔较高地区极端最低气温为－4～－1℃，有雨雪冰冻；冬季降水量东北部、东南部和中部地区较常年同期偏多 1～2 成，其余地区偏少 1～2 成，与去年同期相比，东北部、东南部和中部的大部地区偏多 1 成左右，西部偏少 1 成左右，其余地区接近去年。冬季气象干旱不明显。

明年春季（2020 年 3—5 月，下同）平均气温大部地区较常年同期偏高 0.3～0.6℃，接近 2019 年春季；春季降水量大部地区较常年同期偏多 1～2 成，与 2019 年春季相比，东北部偏多 1 成，主城和西部偏少 1～2 成，其余地区接近 2019 年春季。春季气象干旱不明显。

一、冬季气候趋势预测

预计 2019 年冬季，重庆市海拔较高地区平均气温为 3.5～6.0℃，其余地区为 6.1～10.0℃，与常年同期相比，东北部偏北地区偏低 0.2～0.5℃，其余地区偏高 0.2～0.7℃（图 2-1），各地气温均接近去年同期。季内有冷暖波动，隆冬 1 月冷空气影响较为频繁，有阶段

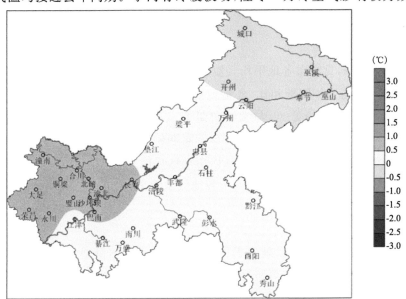

图 2-1　2019 年 12 月至 2020 年 2 月平均气温距平预测

性低温时段。冬季极端最低气温海拔较高地区为−4~−1℃,其余大部地区为0~3℃,海拔较高地区有雨雪冰冻。

预计2019年冬季,重庆市各地降水量为40~110毫米,与常年同期相比,东北部、东南部和中部地区偏多1~2成,其余地区偏少1~2成(图2-2),与去年同期相比,东北部、东南部和中部的大部地区偏多1成左右,西部偏少1成左右,其余地区接近去年。冬季气象干旱不明显。

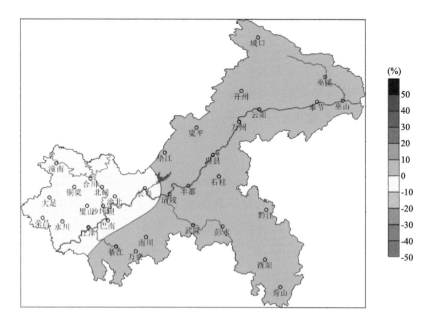

图 2-2　2019 年 12 月至 2020 年 2 月降水距平百分率预测

二、明年春季气候趋势预测

预计2020年春季,重庆市各地平均气温为14~19℃,海拔较高地区为14~16℃,其余地区为16.1~19℃,与常年同期相比,各地偏高0.3~0.6℃(图2-3),与2019年同期持平;我市各地降水量在210~480毫米,与常年同期相比,主城和西部大部地区偏少1~2成,其余地区偏多1~2成(图2-4),东北部较2019年同期偏多1成,主城和西部偏少1~2成,其余地区接近2019年同期。4月上中旬长江以南地区可能有低温阴雨时段。大部地区大雨开始期较常年偏早。预计2020年春季重庆市各地气象干旱不明显。

三、关注重点与建议

(1)做好冬季防寒保暖工作。隆冬1月出现阶段性低温的概率较大,海拔较高山区需做好防寒保暖工作,确保家禽牲畜、经济林果及农作物能安全越冬;做好隆冬时节的电力调配工作,以应对用电高峰时段的电力需求,同时要注意防范海拔较高地区积冰等对输电设施的不利影响。

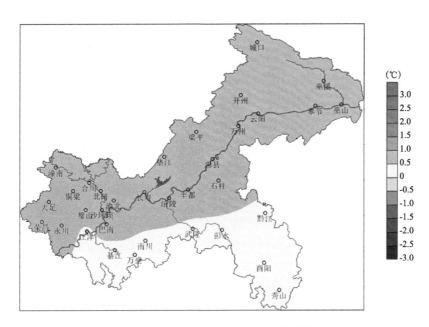

图 2-3　2020 年 3—5 月平均气温距平预测

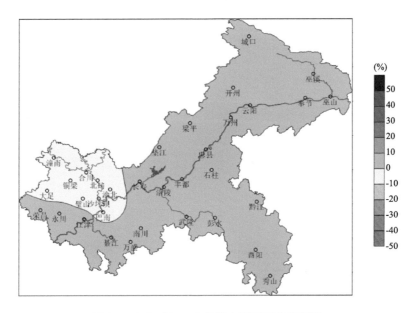

图 2-4　2020 年 3—5 月降水距平百分率预测

（2）防范冰冻雨雪天气对交通运输的不利影响。受冷空气影响时段,海拔较高山区可能出现冰冻雨雪天气,对交通运输有不利影响,需密切关注气象预报信息,提前做好防范应对准备,特别是 1 月正值春运期间更应防范雨雪天气对交通运输造成的不利影响。

（3）春季适时早播,做好雨水蓄保。加强小春作物冬季关键期的水肥管理,促其安全越冬和正常生长发育;加强花卉、苗木、水果、蔬菜等冬季防寒防冻工作,根据冬季天气冷暖变化情况,及时采取防御措施,减轻低温、霜冻等不利天气的影响;利用春季的晴好天气,抓住

"冷尾""暖头",适时开展大春作物早播工作;冬春季重庆市大部地区雨水较常年偏多,各地应抓住降水时机,做好雨水的蓄保,以备冬季灌溉、春耕春播等用水之需。

(4)加强地质灾害的防范工作。冬春季降水均偏多,大雨开始期可能较常年偏早,各地应提早认真排查山洪沟、地灾隐患点,落实防灾责任人,明确责任,完善监测、预警和应急处置预案,对可能受到地质灾害影响的场镇、村社要切实采取措施,做好防范应对工作。

(5)防范应对空气污染事件。预计今年冬季重庆市大部地区降水偏多,大气自净能力相对较好,但冬季是大气污染高发季节,有关部门仍应加强空气质量监测预警,加强人影作业,防范应对空气污染事件。

(6)继续做好森林防火工作。预计今冬明春重庆市偏西地区气温高降水少,城乡林区森林火险等级较高,需加强森林火险防范工作。

鉴于影响气候的因素较为复杂,气象部门将密切监视气候系统变化,加强分析研判,及时提供滚动订正预测。

2019 年第一季度空气污染气象条件和
重污染天气应急减排效果评估报告

齐伊玲[1]　田力[1]　董贞花[1]　史恒斌[2]　苏爱芳[1]　陈曙[3]　董俊玲[1]

(1.河南省气象台;2.河南省气候中心;3.河南省应急与减灾处　2019 年 4 月 1 日)

摘要: 河南省气象局认真贯彻全省生态环境保护大会精神和省委、省政府大气污染防治攻坚重要部署,加强与京津冀、汾渭平原环境预报预警中心会商协作,及时开展空气污染气象条件监测预报和分析评估等服务工作。分析表明:2019 年第一季度全省空气污染扩散与去年同期相比明显偏差,偏差程度达 36%;1—2 月气象条件是 2014 年以来最差。重污染天气过程中上游污染物传输作用明显,河南省北中部 $PM_{2.5}$ 浓度占比达 23.2%～54.8%。适时启动重污染应急减排措施,使河南省 $PM_{2.5}$ 平均浓度下降 9.2%～24.7%,削峰效果更为明显。

预计 4 月份河南省除东南部外大部分地区降水仍偏少 1～2 成,气象干旱发展明显,易多发扬尘天气,将出现阶段性的 PM_{10} 污染;全省平均气温偏高 1℃左右,有利于大气层中的抗氧化物和碳氢化合物的光化学反应,易产生臭氧污染。

一、2019 年第一季度空气污染扩散气象条件概况

(一)污染物扩散和湿沉降气象条件与去年同期相比明显偏差,今年 1—2 月气象条件是 2014 年以来最差

2019 年 1—3 月,河南省静稳天气日数共 47 天,比去年同期(同比)偏多 12 天(表 2-1);全省平均出现霾日数 29.1 天,同比偏多 4.3 天;雾日数 8.4 天,同比偏多 0.6 天。2019 年第一季度全省平均风速 1.9 米/秒,同比偏小 20%;3 级以上风日数仅有 7.7 天,同比偏少 49%。在厄尔尼诺气候背景下,冷空气主体位置偏北,影响中原地区的冷空气势力明显偏弱,气象条件不利于河南省污染物的扩散。今年第一季度全省降水日数 13.5 天,同比偏少 24%;平均降水量 39.1 毫米,同比偏少 51%,降水的湿沉降作用明显偏弱,同时降水偏少,地表干燥,扬尘污染同比偏重。第一季度平均相对湿度 63%,跟去年同期持平,高湿环境有利于加快气态污染物的二次转化,从而使 $PM_{2.5}$ 浓度出现迅速增长;同时,硫酸盐和硝酸盐等颗粒物的吸湿增长,明显地降低了能见度,使得雾或霾天气持续时间较长。综合以上气象要素,今年第一季度,河南省气象条件对污染物扩散和湿沉降能力较去年同期相比偏差约 36%。但表征空气质量的 $PM_{2.5}$ 和 PM_{10} 浓度上升幅度仅分别为 12% 和 3%,充分说明大气污染防治攻坚效果显著。

表 2-1 第一季度(1—3 月)气象条件对比

	静稳天气日数(天)	霾日数(天)	雾日数(天)	沙尘天气日数(天)	雨日数(天)	平均日照时数(小时)	平均气温(℃)	平均降水量(毫米)	相对湿度(%)	3级风以上日数(天)	平均风速(米/秒)
2018 年	35	24.8	7.8	0.6	17.7	428.5	4.9	79.8	62.7	15.2	2.4
2019 年	47	29.1	8.4	0.1	13.5	353.5	5.0	39.1	62.8	7.7	1.9
变幅	+36%	+17%	+8%	−83%	−24%	−18%	+2%	−51%	+0%	−49%	−21%

中国气象科学研究院研制的描述气象条件对大气污染物影响程度的定量指标——环境气象评估指数(EMI),可定量分析气象条件对污染物浓度变化的影响程度,指数值(无量纲)越高,说明气象条件对污染物浓度增长越有利。分析 2014 年以来河南省 1 月和 2 月平均的 EMI 指数(图 2-5)发现,2019 年 1 月和 2 月气象条件都是自 2014 年以来最差,其中 1 月 EMI 指数为 5.44,比上年同期的 3.89 偏高 40%,比过去 5 年平均值 4.58 偏高 19%;2 月 EMI 指数为 4.71,比上年同期的 3.84 偏高 22%,比过去 5 年平均值 4.05 偏高 16%。河南省西部、西北部四地市气象条件同比偏差 50% 以上。2019 年 1 月和 2 月气象条件同比明显偏差,为 2014 年以来最差。

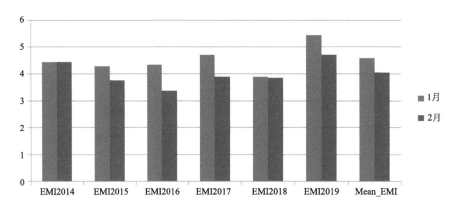

图 2-5 河南 2014—2019 年 1 月和 2 月 EMI 指数及过去 5 年(2014—2018 年)EMI 指数平均值

(二)上游污染物传输作用使河南省 $PM_{2.5}$ 浓度上升明显,北中部上游传输占比 23.2%~54.8%

2019 年第一季度,河南省共出现 9 次重度污染天气,其中 1 月 1—8 日、10—15 日和 2 月 19—27 日三次过程全省大部出现重度污染,北中部、西部出现阶段性严重污染。分析发现,在弱冷空气影响下,污染物沿太行山东侧输送通道南下,引起河南污染程度明显加重,北中部、西部出现严重污染时段。其中 1 月 13 日,受弱冷空气扩散南下影响,河南西部、北中部经历了比较明显的区域污染传输过程,上游传输使得郑州市 $PM_{2.5}$ 浓度上升 23.3%(图 2-6),而安阳市上游传输占比高达 53.4%。2 月 20 日、23 日和 25 日有三次弱的东路冷空气影响,河南沿黄及以北转弱的偏北风,北中部、西部有长时间的污染物滞留,部分地区出现长达 12 小时的严重污染。综上分析,上游传输使得郑州市 $PM_{2.5}$ 浓度平均上升 38.6%(图

2-6),而安阳市上游传输占比高达58.4%。

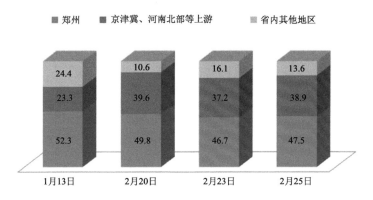

图 2-6 郑州市 PM$_{2.5}$ 来源分析

(三)启动重污染应急减排可使 PM$_{2.5}$ 平均浓度下降 9.2%～24.7%,削峰效果更为明显

重污染过程前,河南省北中部大部启动重污染天气红色预警Ⅰ级应急响应,其他地区启动橙色预警Ⅱ级应急响应。依据豫政办〔2018〕63号文中河南省重污染天气应急预案要求,用 WRF-CMAQ 模式对1月12—15日和2月20—23日时间段进行排放源调控模拟。对结果进行分析发现,实施模拟减排后,启动重污染天气应急响应的地市 PM$_{2.5}$ 浓度均有明显下降(图 2-7):1月12—15日减排区域 PM$_{2.5}$ 平均浓度下降率为13.9%,其中北中部为18.3%,其他地区为11.6%;2月20—23日减排区域 PM$_{2.5}$ 平均浓度下降率为18%,其中北中部为20.6%,其他地区为14.8%。两次重污染过程中减排措施对郑州 PM$_{2.5}$ 浓度下降效果最为明显,下降率分别为21.3%和24.7%。

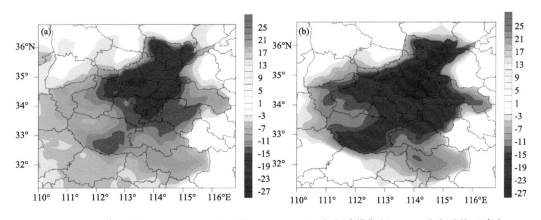

图 2-7 2019年1月12—15日(a)和2月20—23日(b)应急减排期间 PM$_{2.5}$ 浓度平均下降率

两次过程重污染区域均集中在河南省北中部和西部地区。分析发现,重污染区域采取减排措施,对静稳天气期间(以本地累积为主时段)有明显的削减峰值作用,其中安阳、焦作、郑州 PM$_{2.5}$ 浓度削峰效果最明显(表 2-2),峰值下降率均超过33%。上述地区 PM$_{2.5}$ 峰值浓

度下降率比平均浓度下降率高一倍,说明减排措施对污染过程中削峰效果更为明显。

表 2-2　2019 年 1 月 12—15 日和 2 月 20—23 日减排区域 PM$_{2.5}$峰值浓度下降分析

		安阳		焦作		郑州		许昌		洛阳		南阳	
		1月	2月	1月	2月	1月	2月	1月	2月	1月	2月	1月	2月
减排期间 PM$_{2.5}$ 峰值浓度	下降量（微克/立方米）	58.2	69.8	24.3	27.1	65.0	78.6	66.4	70.3	37.0	47.6	35.2	48.5
	下降率（%）	37.8	38.2	33.2	35.7	33.2	39.8	26.0	29.2	23.4	25.9	23.1	28.9

二、2019 年 4—6 月气候预测趋势

（一）降水和气温趋势

根据河南省气候中心预测,4—6 月,全省降水量西部、南部偏多 0～2 成,其他地区偏少 0～2 成;平均气温全省偏高 0～1℃。其中,4 月降水量豫东南偏多 0～2 成,其他地区偏少 0～2 成;平均气温全省偏高 0～1℃。5 月降水量大部偏多 0～2 成;平均气温全省接近常年同期。6 月降水量豫西、豫南偏多 0～2 成,其他地区偏少 0～2 成;平均气温全省偏高 0～1℃。

4 月主要冷空气活动及天气过程有 6 次,上旬后期至中旬前期可能出现倒春寒和晚霜冻过程。其中 2—3 日,南部有阵雨或小雨;6—7 日,受冷空气影响,全省有 4～5 级偏北风,气温较前期下降 6～8℃;8—11 日,全省大部有小雨,黄河以南有小到中雨,并伴有中等强度冷空气影响;13—15 日,全省大部有小雨,豫南局部有中雨,并伴有中等强度冷空气影响;19—21 日,全省有小到中雨,豫南有大雨,并伴有弱冷空气影响;26—28 日,全省有小到中雨,并伴有弱冷空气影响。

（二）4 月空气污染气象条件预测

在前期降水偏少情况下,预计 4 月份河南省北部、西部、中东部地区降水仍偏少,气象干旱发展同时易出现扬尘天气,将出现阶段性的 PM$_{10}$ 污染。其中 3—5 日河南北中部下午到傍晚时段有浮尘天气;6—7 日大风影响时段全省大部有扬沙或浮尘天气。此外气温持续偏高,有利于催生大气层中的抗氧化物和碳氢化合物的光化学反应,产生臭氧污染。

三、环境气象建设及服务情况

（一）抓好环境气象服务组织管理

制定印发《2018—2020 年大气污染防治气象保障服务工作方案》(豫气发〔2018〕73 号)和年度工作方案,明确重点任务,强化保障措施,确保组织到位、责任到位。完善环境气象业务服务队伍机构,成立河南省环境气象中心,优化环境气象创新团队人才配置,加大环境气象高层次人才的引进和培养力度。

（二）强化环境气象决策服务

及时开展霾影响范围、持续时间、传输路径等的综合监测分析及其影响评估服务。及时报送《重要环境气象报告》《环境气象快报》,向河南省环境污染防治攻坚办、河南省生态环境

厅等部门发送《专题气象服务日报》88 期、《河南省气象局每日情况汇报》88 份。

(三)做好关键期环境气象应急联动联防

针对大气污染防治的敏感形式,强化气象保障服务与应急联动。通过多种手段,面向社会公众发布空气污染气象条件预报和霾预报预警,联合环保部门发布全省重污染天气预警信息。建立健全重污染天气应急联动机制,发挥重污染天气监测预警的消息树作用。强化大气污染防治关键期气象服务保障,为冬季采暖、重大节日和重大活动等的空气质量保障工作提供支撑。

(四)加强人工影响天气改善空气质量科学实验

2018 年 10 月以来,组织全省开展飞机增雨(雪)作业 10 次,各市、县开展地面高炮、火箭增雨(雪)作业 400 多站(次)。春节期间,省广大气象干部职工日夜坚守、连续奋战,组织开展了大范围、大规模的飞机、地面立体式人工增雨(雪)作业,作业成效良好,重点作业区作业后部分省辖市空气质量明显好转。

2019 年汛期(6—9 月)暴雨灾害风险预估

李静　李万志　余迪　段丽君　杨延华　刘彩红

(青海省决策气象服务中心　2019 年 6 月 5 日)

摘要: 2003 年以来,青海省汛期降水量及降水日数明显增加,强降水事件频发,强降水造成的洪水及其引发的滑坡、泥石流等次生灾害也呈明显增多趋势。2019 年汛期前期降水偏多,强度偏强,强降水天气出现时间较常年相比偏早。预计 2019 年主汛期(6—9 月),受强降水影响,贵德、兴海、贵南、共和、同德、化隆、民和、互助、大通、湟中等地为暴雨灾害风险的高风险区,请有关部门加强防御,避免及减少气象灾害造成人员伤亡及经济财产损失。

一、青海省汛期气候背景分析

(一)汛期降水变化趋势

1961—2018 年,青海省汛期平均降水量呈增多趋势,每 10 年增加 3.3 毫米;平均降水日数也呈增加趋势,每 10 年增加 1.2 天。2003 年以来增加趋势尤为明显,2003—2018 年平均降水量较 1961—2002 年相比偏多 26.7 毫米,平均降水日数偏多 2.1 天,其中,大到暴雨天气主要发生在东部农业区。

(二)2019 年汛期前期降水特征

2019 年汛期前期(4 月 1 日至 5 月 31 日),青海省平均降水量为 76.7 毫米,较常年值(59.7 毫米)偏多 28.5%,其中国家级气象监测站中有 30% 的站点降水量列 1961 年以来历史前三位,祁连山地区及青南牧区有 10 站降水量突破历史极值。4 月以来全省共出现大雨 72 站次,暴雨 2 站次。强降水过程出现早,东部农业区大部中雨出现初日较常年偏早 5~13 天。

二、2019 年青海省汛期暴雨灾害风险预评估

(一)青海省汛期暴雨灾害增多趋势明显

1991—2018 年,青海省汛期暴雨灾害发生次数总体呈上升趋势,尤其 2003 年以来暴雨灾害发生次数偏多明显,和降水趋势基本一致,7 月和 8 月为青海省汛期暴雨灾害的高发期。

统计各气象站 1991 年以来发生的灾害次数,贵德、兴海、贵南是青海省汛期暴雨灾害发生最多地区;共和、同德、化隆是暴雨灾害发生的次多区。

(二)青海省暴雨灾害风险预评估

据青海省气候中心预测,2019 年汛期我省降水中西部偏多、东部偏少,结合青海省"崩滑流"隐患点信息分析,预计贵德、兴海、贵南、共和、同德、化隆、民和、互助、大通、湟中为暴

雨灾害的高风险区;西宁、乐都、湟源、同仁、尖扎、河南、门源、祁连、天峻、乌兰、都兰、德令哈
为较高风险区;其他地区为暴雨灾害中风险区和低风险区(图 2-8 和图 2-9)。

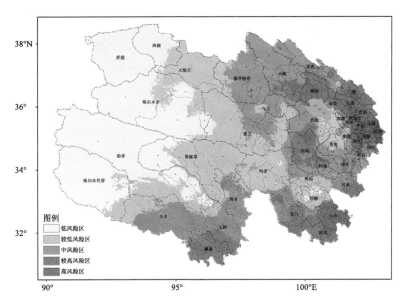

图 2-8　2019 年汛期青海省暴雨灾害风险预估图

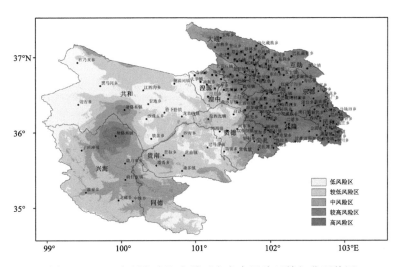

图 2-9　2019 年汛期青海省暴雨灾害高风险区精细化预估图

三、对策与建议

2019 年主汛期青海省降水中西部偏多、东部偏少,主要流域降水过程主要集中在 7 月上
旬和 8 月中下旬,受强降水及连续性降水影响,青海省东部地区暴雨灾害的风险较高,各地
应加强暴雨灾害发生重点区域的抗灾能力建设,增强早期预警、提前防范的能力;青海省气
象局将积极与各部门开展联防联动,及时发布气象预警信息,提请各相关部门密切关注天气
预报和预警,提前做好防范工作。

2019 年第 9 号台风"利奇马"预报服务总结

杨成芳　于群　高留喜　王升建

（山东省气象局　2019 年 8 月 14 日）

摘要：2019 年 8 月 10—13 日，第 9 号台风"利奇马"正面影响山东，造成山东降雨持续时间长、强度大、大风范围广，为一次极端降水事件，山东由此"旱涝急转"。在中国气象局和山东省委、省政府的坚强领导下，山东气象部门强化责任意识，精准预报，精细服务，圆满完成了本次台风防御的预报服务工作，决策服务和公众服务效果显著。

一、"利奇马"概况及特点

2019 年第 9 号台风"利奇马"于 8 月 4 日 14 时在西北太平洋洋面生成，10 日 01 时 45 分在浙江台州登陆（超强台风级，16 级），11 日 20 时 50 分从青岛黄岛区进入山东，强度为热带风暴级，中心附近最大风力 9 级（23 米/秒），12 日 05 时从潍坊昌邑进入莱州湾，12 日白天到夜间在莱州湾徘徊，13 日 08 时减弱为热带低压，14 时停止编号。受其影响，8 月 10 日 06 时至 13 日 14 时，山东出现大范围的暴雨到大暴雨，部分地区特大暴雨。本次台风过程有以下特点：

一是降水极端。此次降雨持续时间长、强度大、范围广，为一次极端降水事件（图 2-10）。全省平均降水量 160.1 毫米，超过 1818 号台风"温比亚"（135.5 毫米），为有气象记录以来首位；有 21 站日降水量突破本站历史极值。过程最大降水量 676.6 毫米，出现在淄川西河镇梨峪口；最大小时雨强 67.6 毫米，出现在临朐辛寨镇丹河水库。各市平均降水量（毫米）：淄博 363.9、东营 340.8、滨州 284.3、潍坊 265.9、临沂 230.4、济南 220.4、枣庄 200.9、日照 148.5、泰安 125.2、济宁 101.5、威海 97.9、德州 93.3、青岛 88.0、烟台 77.1、菏泽 72.1、聊城 68.3。降水量超过 500 毫米的气象观测站有 13 个，250～500 毫米有 307 个，100～250 毫米有 533 个，50～100 毫米有 567 个。

二是大风范围广。受"利奇马"影响，山东内陆和沿海大部地区均出现明显大风天气。10 日夜间起，山东预报海区出现了大风，其中渤海 9～10 级阵风 11 级（32.1 米/秒），渤海海峡、黄海北部和中部偏南风 8～10 级阵风 11 级。另外，半岛和鲁西北的东部地区有 7～8 级阵风 8～10 级大风，其他地区 6～7 级阵风 8 级。

三是灾害重。据山东省应急厅统计，截至 8 月 13 日 07 时，受台风影响，16 个市 117 个县（市、区）、853 个乡镇（街道）373.19 万人不同程度受灾。全省紧急转移群众 37.12 万人，所有紧急转移群众均得到妥善安置；农作物受灾面积 478.95 千公顷，倒塌房屋 3318 间；因灾死亡 5 人、失踪 7 人。

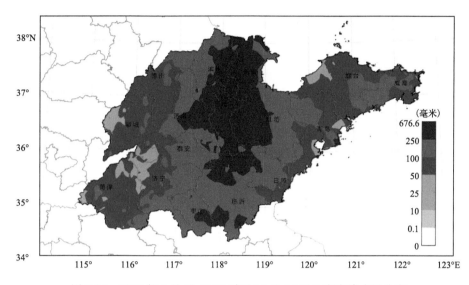

图 2-10　2019 年 8 月 10 日 06 时至 13 日 14 时山东省降水量分布

二、监测联防

实施加密观测，确保通信畅通。山东气象观测设备运行稳定，自动气象观测站采取加密观测模式，按时上传监测资料，采用自动站综合应用平台和降水查询系统及时收集降水实况；8 部新一代天气雷达、5 部风廓线雷达 24 小时开机运行监测。加强值守和巡视，确保了信息网络系统正常运行及信息传输畅通，为应急响应提供高优先级的信息传递渠道。做好移动台应急响应的各项准备，加强设备巡视，确保 ASOM 系统和其他设备运转正常。

积极开展天气会商联防。8 月 10—12 日，山东省气象局 3 次参加中央气象台早间天气会商发言和 1 次加密会商发言，接受中央台业务指导；每天组织全省会商、加密会商，指导市级台站发布、变更预警信号并加强天气联防。

三、预报预警

准确预报预警。针对台风"利奇马"移动路径、暴雨和大暴雨落区、省平均降水量、降水极值预报与实况基本吻合（图 2-11 和图 2-12）。山东各级气象部门密切关注"利奇马"影响，均提前发布重要天气预报，及时发布和升级 504 个台风、暴雨、雷电、大风等灾害性天气预警信号，其中台风橙色预警信号 1 个、黄色预警信号 116 个、蓝色预警信号 87 个；省气象台和济南、淄博、潍坊、滨州、东营、青岛、临沂、日照、枣庄、泰安 10 个市气象台发布了暴雨红色预警信号，75 个县（市、区）气象台发布了暴雨红色预警信号，同时发布防御指南，提醒有关部门和社会公众切实做好灾害性天气防范工作。

山东省气象台提前 3 天对台风路径、登陆时间、登陆地点、降水落区、降水强度、大风等级等作出了准确预报，稳步推进预报服务，为政府防台抗台及时提供决策依据。于 8 月 7 日

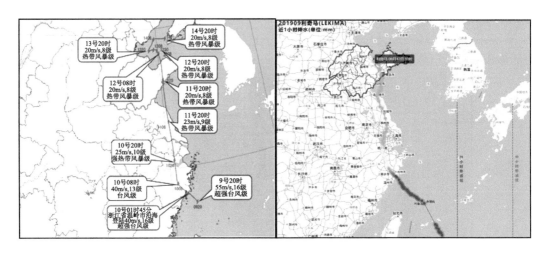

图 2-11 8 月 10 日 06 时台风黄色预警信号预报路径(左)和实况路径(右)

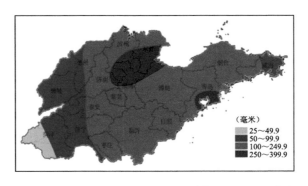

图 2-12 8 月 10 日 06 时台风黄色预警信号预报过程降水量

09 时 30 分发布首次"利奇马"动向分析的重要天气预报,启动了此次台风的预报服务,此后严密监测,加强跟踪研判,根据天气变化滚动发布预报预警。8 日 11 时 30 分、9 日 11 时又两次发布"利奇马"重要天气预报,10 日 06 时发布台风黄色预警信号,10 日 12 时 30 分发布暴雨橙色预警信号,10 日 21 时 30 分将暴雨橙色预警信号升级为暴雨红色预警信号,12 日 11 时解除暴雨红色预警信号并继续发布台风黄色预警信号,13 日 06 时解除台风黄色预警信号。

10 日 09 时、11 日 09 时、12 日 17 时和 13 日 17 时,山东省气象局和山东省自然资源厅连续 4 次联合发布地质灾害气象风险(橙色 1 次、黄色 3 次)预警,提醒当地政府及相关单位做好地质灾害防范工作。

四、气象服务

第一时间做好决策气象服务。8 月 7 日 09 时 30 分,山东省气象局向省委、省政府及相关部门报送《第 9 号台风"利奇马"动向分析》,8 日 11 时 30 分及时报送更新《第 9 号台风"利奇马"趋势预报》。台风预报服务期间,共向省委、省政府及相关部门报送《重要天气预报》

《每日气象专报》、雨情实况等决策服务材料 50 期,发送决策气象短信 6.3 万余条。

各级气象部门主要负责人积极主动向当地党委、政府领导汇报最新气象信息,为政府决策提供依据。8 月 6 日早上,史玉光局长向国安副省长电话汇报台风生成及发展情况。台风影响前后,史玉光局长多次通过电话、短信向省委书记刘家义、分管副省长于国安和中国气象局领导汇报防台风信息和预报服务情况。11 日夜间,台风即将登陆山东关键期,史玉光局长先后 3 次通过电话向省委、省政府领导汇报台风在黄岛登陆信息。李刚总工自 8 月 10 日下午至 13 日在省防指集中办公,为省委、省政府领导及省防指及时提供决策气象服务信息。山东省气象局气象服务得到各级领导的表扬和肯定。

多渠道向公众发布预警信息。山东省气象台于 8 月 9 日 14 时、11 日 11 时、12 日 11 时召开 3 次新闻媒体通报会和 2 次融媒体直播,多次连线采访,及时向新闻媒体通报台风实况和预警消息。各级气象部门及时通过国突平台、微信、微博、客户端、短信、邮件、传真、网站、电视、广播、12121 语音信箱、今日头条和抖音、石岛广播电台等多种手段及时向社会公众发布最新预报预警信息、实况、重要天气预报等信息,其中通过国突平台发布各类预警信息 602 条,通过 12379 短信平台发送预警短信 115936 人次,12121 共拨打 52636 次,新媒体阅读量共 1355.5 万,中国天气网山东站和山东省局官网发布新闻 190 篇。

五、应急响应

启动并升级高级别应急响应。8 月 8 日 22 时,山东省气象局启动气象灾害(台风)Ⅲ级应急响应,10 日 13 时 50 分提升为 Ⅱ 级应急响应,13 日 15 时 30 分终止响应,共持续 113.5 小时。山东各级气象部门共启动、提升应急响应 238 次,其中Ⅰ级 7 次、Ⅱ级 101 次、Ⅲ级 130 次(图 2-13)。

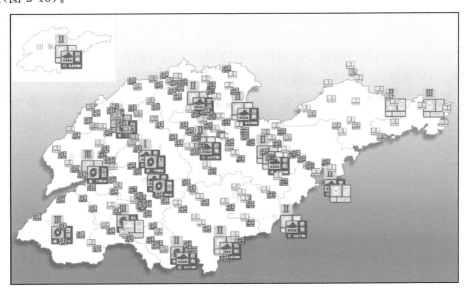

图 2-13　8 月 11 日 14 时山东省气象灾害预警与应急响应示意图

加强领导带班、应急值守。应急响应期间,实行全天应急值守和主要局领导带班制度,省局领导坐镇台风防御及救灾一线,全程指挥做好台风应对服务工作。8 月 10 日 06 时 30 分,史玉光局长要求各级气象部门全力以赴,做好"利奇马"台风的预报服务工作。全国天气会商后,局领导再次强调严格按照应急要求做好气象服务,并根据实际情况及时升级应急响应级别。11 日 08 时 50 分,史玉光局长主持召开全省气象部门视频会议,传达中国气象局和省委、省政府领导批示精神,并就做好台风气象服务再部署,要求各级气象部门再接再厉,继续做好台风"利奇马"影响山东的后续服务,及时监测,发布预报预警,做好气象服务和相关总结,及时跟进灾情、险情,做好气象保障,并向奋战在一线的干部职工表示慰问。会后,与 16 市气象部门主要负责同志通话,调度指导当地防台风预报服务工作。

党委和政府领导组织全力做好台风"利奇马"防御工作。省委领导在重要天气预报上作出批示,并组织全省各部门联动,共同全面做好台风"利奇马"防御各项工作,全力保护人民生命财产安全。教育、铁路、客运、旅游等部门继续做好台风防御停课、停工、关闭旅游景点等工作。

六、成功经验

(1)强化组织领导是台风防御气象服务工作的根本保证。山东省气象局领导高度重视,主要领导坚守气象服务一线,坐镇指挥调度气象服务,组织动员各单位各岗位各司其职共同应对台风影响,分管领导参加省防指综合值班,坚守台风防御第一线,随时为省委、省政府领导决策提供气象服务;山东各级气象部门努力做到了精细监测、精准预报、精心服务,确保了台风监测预报服务准确及时。

(2)提前准确预报是台风防御气象服务工作的关键因素。本次过程中,各家数值模式对台风路径预报差异较大,山东省气象局预报专家基于多年科学研究和预报经验,加强会商研判,准确订正模式,提前 3 天对台风移动路径、降水作出了稳定、准确预报。

(3)稳步推进预报预警服务是台风防御的重要环节。山东各级气象部门先后发布台风趋势分析、台风预报、台风警报、预警信号等,以稳定的预报逐步推进服务节奏,加密服务政府决策、行业部门及社会公众,加强部门间联防联动,充分发挥了气象防灾减灾"第一道防线"作用,保障了人民生命财产安全。

2019 年台风特点及影响分析

赵慧霞　李佳英　张立生　王维国

（国家气象中心　2019 年 12 月 7 日）

摘要：截至 2019 年 12 月 7 日,2019 年在西北太平洋及南海共有 28 个台风生成,其中有 5 个登陆我国,登陆个数较常年同期偏少 2 个。具有生成多、登陆我国少,强度整体偏弱,但个别登陆台风强度强、影响重的特点。季节分布是:台风夏季生成偏少,秋季明显偏多。因未有深入我国内陆西行台风带来的降雨,加剧了 2019 年长江中下游伏秋旱的发展,华南出现秋冬连旱,森林火险气象等级持续偏高。针对影响我国的台风,气象部门及时准确发布预报预警信息,加强决策气象信息报送,为防灾减灾工作提供了坚实的气象服务保障。

一、2019 年台风及影响特点

一是台风生成多、登陆我国少,强度整体偏弱。截至 2019 年 12 月 7 日,2019 年共有 28 个台风生成,比常年同期偏多 2 个,但仅有 5 个登陆我国(分别是"木恩""韦帕""利奇马""白鹿"和"米娜"),登陆数比常年偏少 2 个,比 2018 年偏少 5 个。28 个台风的峰值强度平均为 37.8 米/秒(13 级),弱于多年平均(40.1 米/秒,13 级);其中 5 个台风登陆我国时的平均强度为 30.6 米/秒(11 级),小于多年平均值(32.6 米/秒,12 级),但登陆台风"利奇马"强度极强。

二是登陆台风"利奇马"强度强、影响重。8 月 10 日在浙江温岭市沿海登陆的今年第 9 号台风"利奇马",登陆时中心附近最大风力 16 级(52 米/秒,超强台风级),中心最低气压 930 百帕,为本年度登陆我国最强的台风,是 1949 年以来登陆我国大陆地区的第五强台风,在登陆浙江的台风中排名第三。"利奇马"登陆北上后,影响了 12 个省(区、市),降雨 100 毫米以上的面积达 36 万平方千米,给东南沿海地区造成强风雨影响。另外,今年第 13 号台风"玲玲"在 9 月 7 日登陆朝鲜后,进入我国东北地区,对辽宁、吉林、黑龙江等地造成较强风雨影响。

三是秋季台风生成明显偏多,11 月台风数为 1949 年以来之最。夏秋季往往是西北太平洋及南海台风生成的高峰期。平均而言,夏季(6—8 月)约有 11.6 个台风生成,秋季(9—11 月)约有 11.3 个。今年夏季有 10 个台风生成,比常年同期偏少 1.6 个;秋季则有 16 个台风生成,比常年同期偏多达 4.7 个。特别是 11 月,有 6 个台风生成,与 1991 年并列成为 1949 年以来 11 月份生成台风最多的年份。

四是深入内陆西行台风少,加剧了 2019 年长江中下游伏秋旱发展。2019 年 7 月下旬至 11 月中旬,我国长江中下游地区降水持续偏少,发生伏秋连旱。除 8 月台风"利奇马"和 10

月"米娜"给浙江、江苏等地带来较强降雨过程外,无其他登陆台风深入长江中下游地区。统计表明,历年台风对长江中下游地区的年降水量平均贡献率为 10%～17%,2019 年由于缺少台风降雨,在一定程度上加剧了当年长江中下游地区伏秋旱的发展,鄱阳湖等湖泊提前进入枯水期。

二、2019 年台风活动特点的成因分析及后期影响分析

2019 年上半年受厄尔尼诺事件及其结束后的滞后效应影响,位于太平洋中部和西部的热带地区促使台风生成的对流活动受到抑制,导致台风数量偏少;夏末秋初,上述地区海温上升,热带对流活动趋于活跃,台风生成数量开始增多,强度增强;深秋季节,受中高纬度频繁南下冷空气的影响,进一步激发了热带对流活动,从而导致台风生成数量明显偏多,但对我国影响程度有限。

2019 年台风登陆少,不仅导致长江中下游地区伏秋旱发展,也造成华南地区 9 月中旬以后没有台风影响(常年最后一个台风登陆时间平均为 10 月 7 日,最晚登陆时间为 12 月 4 日),造成降水持续偏少,其中广东大部偏少 3～8 成,出现中度至重度气象干旱,部分地区发生森林火灾。预计 12 月底之前,长江中下游地区降水接近常年同期,气温偏高 1～2℃;华南东部地区累计雨量较常年同期偏少 3～7 成,华南西部地区降水基本接近常年同期,华南大部气温将偏高 1～3℃,旱情将持续发展,森林火险气象等级仍将偏高。

三、台风预报预警服务情况

针对登陆或影响我国的台风,各级气象部门加强监测预报,及时准确发布预警信息。2019 年中央气象台 24 小时台风路径预报平均误差为 75 千米,优于日本和美国气象部门(日本 82 千米、美国 83 千米);24 小时强度预报误差为 4.0 米/秒,连续 3 年台风 24 小时强度预报误差在 4.0 米/秒或以下。

在台风影响我国期间,气象部门及时启动台风应急响应,为各级党委政府,以及应急管理、防汛防台部门及时报告台风最新动态和未来趋势预报与影响分析,为防灾减灾救灾指挥决策提供强有力的科技支撑。同时,气象部门加强面向社会公众的预警信息发布工作,第一时间通过国家突发事件预警信息发布系统累计发布台风预警和提示信息 8000 余条,社会公众覆盖率达 86.4%,增强了全社会公众台风防灾减灾的意识,切实发挥了气象部门在台风及其次生灾害防御工作中"第一道防线"的作用。

鄂湘赣皖闽发生近 40 年来最为严重的伏秋连旱，预计 11 月气象干旱可能持续发展

叶殿秀　肖潺　王凌　常蕊　翟建青

（国家气候中心　2019 年 10 月 18 日）

摘要：7 月下旬以来，鄂湘赣皖闽降水量为 1961 年以来历史同期最少，气温为历史同期最高，高温日数为历史同期最多。受持续高温少雨的影响，气象干旱迅速发展。鄂湘赣皖闽五省 93.7％的面积出现中度及以上气象干旱，其中 70.4％的面积为重度及以上气象干旱，30.9％面积为特旱；平均中度以上气象干旱日数有 42.3 天，较常年同期偏多 25.0 天，平均最长连续干旱日数 37.0 天，较常年同期偏长 23.4 天，均为 1961 年以来仅次于 1966 年和 1978 年的第三多。鄂湘赣皖闽发生近 40 年来最为严重的伏秋连旱，给五省农业、水资源、人们正常生活以及生态环境等带来明显不利影响。预计 11 月，江南大部、江淮南部及湖北东部等地仍将降水偏少、气温偏高，气象干旱可能持续或发展，需关注该地区干旱对农业生产、水资源及人们生活等的不利影响。

一、7 月下旬以来鄂湘赣皖闽降水量为历史同期最少，气温为历史同期最高，高温日数为历史同期最多

7 月下旬以来（7 月 21 日至 10 月 17 日），湖北东部、湖南中东部、江西大部、安徽南部、福建中北部等地降水量较常年同期偏少 5～9 成。鄂湘赣皖闽五省平均降水量 159.7 毫米，较常年同期偏少 52.4％，为 1961 年以来历史同期最少，其中江西降水量历史最少，湖南、湖北均为第二少；五省平均无降水日数 67.2 天，较常年同期偏多 10.7 天，为 1961 年来历史同期次多（1986 年为 67.6 天）。同期，鄂湘赣皖闽大部地区气温普遍偏高 1～3℃，五省平均气温 26.5℃，较常年同期偏高 1.6℃，为 1961 年以来历史同期最高，其中湖北、湖南和江西均为历史最高；五省平均高温日数 30.9 天，较常年偏多 17.8 天，为历史同期最多。

二、鄂湘赣皖闽发生近 40 年来最为严重的伏秋连旱

7 月下旬以来，鄂湘赣皖闽等地受持续高温少雨的影响，气象干旱迅速发展。10 月 4 日，五省中度及以上气象干旱面积达 77.6 万平方千米，占五省总面积的 93.7％；10 月 10 日，重度及以上气象干旱面积达 58.3 万平方千米，占五省总面积的 70.4％，其中特旱面积 25.6 万平方千米，占五省总面积的 30.9％。截至 10 月 17 日，江西、福建大部、安徽中部和南部、浙江西南部、湖南东南部等地有中度至重度气象干旱，其中安徽西南部、江西东部等地为特旱。

7月下旬以来,鄂湘赣皖闽平均中度以上气象干旱日数有 42.3 天,较常年同期偏多 25 天,仅少于 1966 年(54.6 天)和 1978 年(48 天),为 1961 年以来历史同期第三多。江西、安徽、湖北、湖南北部及福建西北部等地干旱日数一般有 30～70 天,局部地区超过 70 天;江西中部和北部、安徽大部、湖北大部、湖南北部等地干旱日数较常年同期偏多 20～50 天,局部地区偏多 50 天以上。

7月下旬以来,鄂湘赣皖闽平均最长连续干旱日数为 37 天,较常年同期偏长 23.4 天,为 1961 年以来第三长(1966 年为 48.1 天,1978 年为 38.1 天)。鄂湘赣皖闽等地最长连续干旱日数普遍有 20～60 天,局部地区超过 60 天。江西北部、安徽南部、湖北大部、湖南北部等地最长连续干旱日数较常年同期偏多 20～50 天,局部地区偏多 50 天以上。

三、严重干旱给五省农业、水资源等带来明显不利影响

干旱造成部分地区农作物受灾。安徽一季稻结实率下降;山芋、棉花单产降低,部分作物青枯。浙江衢州地区部分作物如玉米甚至出现绝收,水稻收割时间推迟,柑橘等水果品质明显下降,油菜和中草药减产严重,部分田块蔬菜甚至发生植株凋萎死亡。江西各地中稻、晚稻、蔬菜、果树等均不同程度受灾。据不完全统计,五省农作物受灾总面积超过 9600 平方千米。

干旱造成部分江河湖库水位明显下降,鄱阳湖水域面积比常年同期偏少 5 成,提前进入枯水期。据 2019 年 10 月 4 日风云三号卫星资料对鄱阳湖水面的监测显示,鄱阳湖主体及附近水域面积为 1190 平方千米,较历史同期(2381 平方千米)偏小 5 成;鄱阳湖进入枯水期时间比常年大幅提前,比 2018 年提前了 8 天,比 2017 年提前了 65 天;赣江江西南昌段水位降至 11.57 米,大片沙洲露出水面。湖南 160 余条溪河断流,140 余座水库在死水位以下,5.3 万余口山塘干涸。

干旱导致群众日常生活用水紧张,部分地区出现人畜饮水困难。湖北咸宁市多地蓄水设施及水井干涸,群众日常生活饮水受到影响,饮水困难的大牲畜达 2.4 万头(只)。湖南因旱 10.4 万人饮水受影响。江西部分城乡居民饮水困难,需救助 4.3 万人。

干旱导致部分地区森林火险等级高。8 月 20 日以来,湖北部分地区森林火险风险等级高,已发生森林火灾 10 余起。9 月 23 日和 26 日,安徽省应急管理厅分别发布森林火险黄色预警和橙色预警。

四、11 月鄂湘赣皖闽等地气象干旱可能持续发展

预计 11 月,江南大部、江淮南部及湖北东部等地仍将降水偏少、气温偏高,气象干旱可能持续或发展,需关注该地区干旱对农业生产、水资源及人们生活等的不利影响。

超强台风"利奇马"监测分析

杨馨蕊　　郭启云　　施丽娟　　陶法

（中国气象局气象探测中心　2019 年 8 月 10 日）

摘要：2019 年 8 月 10 日 01 时 45 分，超强台风"利奇马"在浙江温岭登陆，天气雷达回波强度较强，最高可达 50 dBZ，向上伸展至 12 千米左右，且影响范围较大。使用天气雷达资料定位的台风中心与实际位置偏差约 17 千米。毫米波云雷达监测显示云顶高度达 15 千米，X 波段雷达监测显示降水回波融化层高度在 5 千米左右，以 35~40 dBZ 的稳定性降水回波为主，期间触发了一些 45 dBZ 以上的小对流单体，对流单体回波顶高 6~8 千米。登陆时，国家地面站最大小时降雨量达 104.9 毫米，位于浙江台州楚门站，极大风速值达 56.0 米/秒，位于浙江台州白果站。

一、天气雷达监测分析

8 月 10 日 01 时 45 分，综合气象观测产品系统（天衍）显示，超强台风"利奇马"在浙江温岭登陆，雷达回波主要集中在浙江一带，登陆时刻，使用天气雷达资料定位的台风中心与实际位置偏差大约为 17 千米（图 2-14），沿台风眼中心的天气雷达回波剖面图显示，最大回波

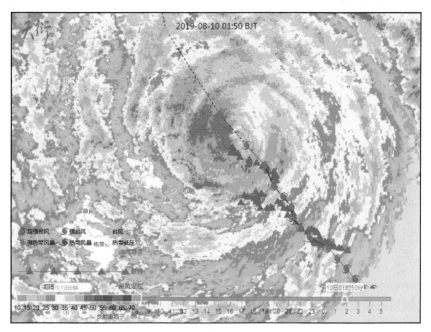

图 2-14　台风"利奇马"登陆路径差异分析（8 月 10 日 01 时 50 分）

强度约为 50 dBZ，回波最高已伸展到 12 千米高度（图 2-15 和图 2-16），台风影响范围较大，主要影响浙江、江苏、上海、福建、安徽、江西等地。

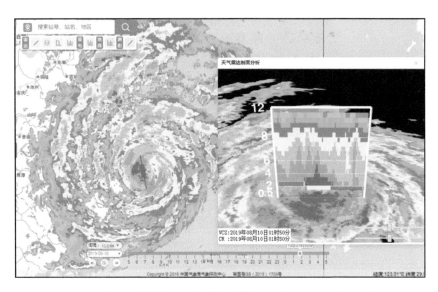

图 2-15　台风"利奇马"登陆时剖面结构（8 月 10 日 01 时 50 分）

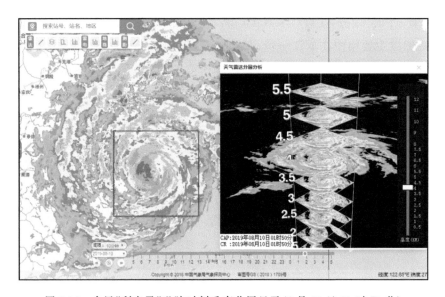

图 2-16　台风"利奇马"登陆时刻垂直分层显示（8 月 10 日 01 时 50 分）

二、毫米波云雷达和 X 波段雷达监测分析

台风登陆后云系由南向北移动，通过上海毫米波云雷达垂直剖面图（图 2-17）和 X 波段相控阵雷达组网产品（图 2-18）显示，10 日 01 时 30 分至 02 时 30 分台风登陆时的外围云系自南向北扫过上海城区，云顶高度达到 15 千米，降水回波融化层高度在 5 千米左右，以 35～

40 dBZ 的稳定性降水回波为主,期间触发了一些回波强度达到 45 dBZ 以上的小对流单体,对流单体回波顶高 6~8 千米。

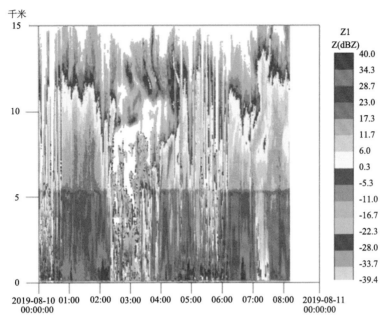

图 2-17　上海宝山站毫米波云雷达实况序列图(10 日 01—08 时)

图 2-18　上海三部 X 波段相控阵雷达组网产品图(10 日 01 时 30 分)

三、地面监测分析

重大气象灾害台风Ⅱ级应急响应区域:10 日 01—02 时国家地面站最大小时降雨量达 104.9 毫米,位于浙江台州楚门站,浙江台州白果区域自动气象站测量极大风速值达 56.0

米/秒;05 时,24 小时降水主要集中在浙江、山东,降水量 100 毫米以上有 589 站,其中浙江省台州市枧头村站 541.6 毫米、山东德州市王庙 106.6 毫米;12 时,24 小时降水主要集中在浙江、山东、江苏、上海,降水量 100 毫米以上有 928 站,其中浙江省台州市枧头村站 602.6 毫米、山东聊城市高唐姜店 190.8 毫米、江苏苏州市桃源镇 130.2 毫米、上海金山区朱行站 125.3 毫米。

第三篇

生态环境保护

2018年铜仁市植被及大气遥感监测评估报告

胡萍[1]   付瑞滢[1]   田鹏举[2]   刘丽[2]   廖瑶[2]   廖留峰[2]   段莹[2]   杨娟[2]

（1.贵州省铜仁市气象局；2.贵州省生态气象和卫星遥感中心   2019年10月22日）

摘要：据最新遥感及气象资料综合监测，近年来铜仁市植被生态质量显著提高，植被覆盖度从2000年的53％提高到2018年的67％，平均每10年增加6.7％；2000年以来植被净初级生产力呈升高态势，2018年则保持在历史高位；2018年植被生态质量为2000年以来最好，植被生态质量指数达历年最高；2018年大气气溶胶光学厚度达2000年以来最低，大气质量改善显著。

一、2018年铜仁市植被生态质量达历史最好

2000年以来铜仁市植被覆盖度[①]显著上升，植被覆盖度从2000年的53％增加到2018年的67％，平均每10年增加6.7％。2017—2018年植被覆盖度达历年最高（图3-1）。

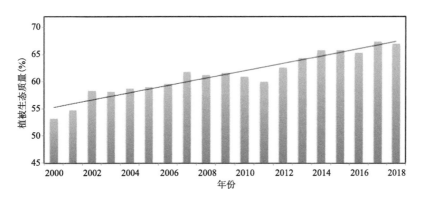

图3-1   2000—2018年铜仁市植被覆盖度年际变化

从植被覆盖度变化趋势空间分布来看，印江县、沿河县、碧江区西部等区域植被覆盖增加速率较明显，峰值区位于碧江区西部区域，平均年增长率超过1.0％（图3-2（a））。

2018年铜仁市平均植被覆盖度为67％，中部大部分地区植被覆盖度超过70％，在印江县、松桃县和江口县三县交界为主的中部，碧江区东部和石阡县南部等区域内植被覆盖度最高，城镇建成区覆盖度相对较低（低于60％）（图3-2（b））。

---

①   植被覆盖度是指植被地上部分垂直投影面积占地面面积的百分比，为衡量生态绿化程度的数量指标。年植被覆盖度由各月植被覆盖度平均求算得到，其反映植被全年平均覆盖程度。

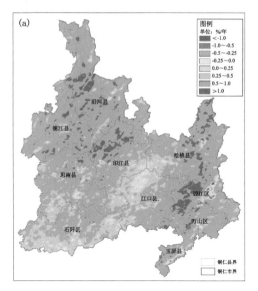
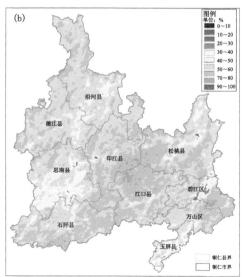

图 3-2 2000 年来铜仁市植被覆盖度变化趋势(a)及 2018 年覆盖度(b)

2000 年以来铜仁市植被净初级生产力[①]总体呈增长趋势,2016 年达到近 18 年最大值(960 克碳/平方米),2018 年为次大值(940 克碳/平方米),继续保持高位(图 3-3(a))。2018 年铜仁市植被净初级生产力的空间分布情况与植被覆盖度空间分布较为相似(图略),植被净初级生产力在 800～1100 克碳/平方米,印江县、松桃县和江口县三县交界为主的中部,碧江区东部和石阡县南部等区域植被净初级生产力较高,超过 1100 克碳/平方米。

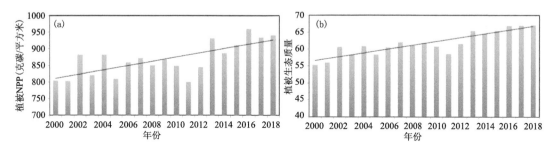

图 3-3 铜仁市植被净初生产力(a)和植被生态质量指数(b)年际变化图

植被生态质量指数[②]综合考虑了上述植被覆盖度和 NPP 两个方面,是衡量自然生态状况的关键指标。利用气象卫星遥感和逐日气象资料综合得到的植被生态质量指数监测结果表明:2000 年以来,铜仁市植被生态质量指数改善明显,其中 2013—2018 年期间改善最为显著,2018 年达到近 18 年最高值,植被生态质量指数达 67(图 3-3(b))。从 2018 年植被生态

---

① 植被净初级生产力是指绿色植物在单位面积、单位时间内所能累积的有机物数量,一般以每平方米干物质的含量(克碳/平方米)来表示。其既是判定生态系统碳汇和调节生态过程的主要因子,更是直接反映了植被群落在自然环境条件下的生产能力,表征陆地生态系统的质量状况。

② 植被生态质量指数是以植被净初级生产力和覆盖度的综合指数来表示,其值越大,表明植被生态质量越好。

质量指数的空间分布来看（图略），印江县、松桃县和江口县三县交界为主的中部，石阡县南部、碧江区东南部等区域的植被生态质量指数最高，达 70 以上，城市建成区则较低。

二、气溶胶光学厚度为 18 年来最低

2001—2018 年，铜仁市气溶胶光学厚度[①]（AOD）均值呈现先升后降的趋势。从 2005 年起，全省 AOD 均值稳定增加到近 18 年平均值 0.46 以上，2008 年（图 3-4(a)）达到历史峰值 0.62 后维持在较高水平，2014 年开始快速下降，2018 年 AOD 较近 5 年平均值和近 18 年平均值分别减小了 19.4％和 35.7％（图 3-5）。

气溶胶指的是悬浮在大气中的固体或液体微粒，根据卫星遥感监测，2018 年铜仁市 AOD 均值 0.30（图 3-4(b)），为 2001 年以来的最低值，AOD 改善明显，往年 AOD 大于 0.6 的高值区（东南部碧江区和玉屏县、西部和北部部分地区等）已消失。

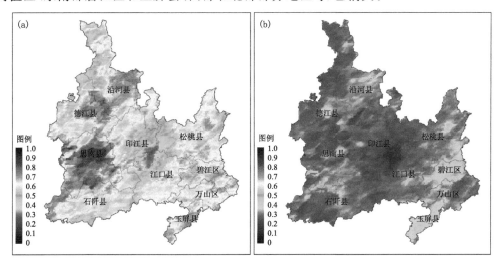

图 3-4　铜仁市 2008 年(a)及 2018 年(b)气溶胶光学厚度分布图

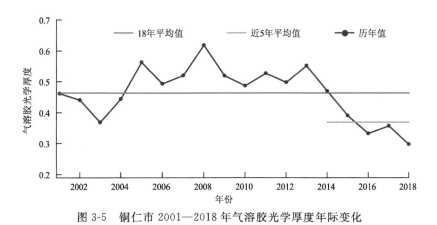

图 3-5　铜仁市 2001—2018 年气溶胶光学厚度年际变化

①　气溶胶光学厚度（AOD）是介质的消光系数在垂直方向上的积分，描述气溶胶对光的削减作用，通常高的 AOD 值预示着气溶胶纵向积累的增长，因此导致了大气能见度的降低。

三、气候条件分析

据 2000 年以来铜仁市年降水量变化趋势(图 3-6)分析,铜仁市年降水量呈增加趋势,平均值为 1207.8 毫米。降水增多有利于提高土壤墒情、促进植被生长、改善陆地植被生态质量、促进气溶胶湿沉降。2000 年以来铜仁市平均气温总体呈升高态势(图 3-6),年平均气温为 16.6℃,充足的水热条件有利于植被生长。

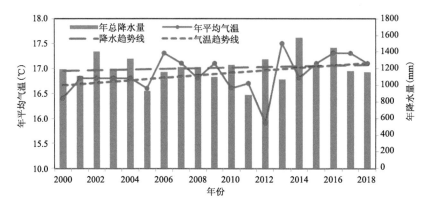

图 3-6 2000 年以来铜仁市平均降水量和平均温度变化图

在植被覆盖度、植被净初级生产力及植被生态质量整体增长的趋势下,2005 年和 2011 年各项指标异常偏低,这与 2005 年降水偏少、2009—2011 年连续遭受的特大干旱过程有密切关系。连续干旱过程导致地下水位降低,土壤水分不足,对植被生长造成严重影响。在干旱过程结束后的降水增多年份各植被生态质量指标均快速回升。

四、结论与建议

近 18 年铜仁市生态文明建设成绩斐然,植被生态质量改善显著,2018 年达历史最好水平。表明铜仁市生态文明建设相关政策得到了有效落实,为进一步保护生态环境,应继续加强生态文明建设力度。建议:

(1)部分区域植被覆盖仍然偏低,还需有针对性地加强生态质量相对偏差和生态脆弱区的生态综合治理力度,进一步重视加强防汛抗旱工程性措施,加快水利设施建设,适时加强人工增雨工作,增加生态用水,使植被生态质量水平再上新的台阶。

(2)气候条件是地区生态质量好坏的前置条件,铜仁市总体水热气候条件较好,有利于植被生长,但干旱、凝冻等气象灾害仍是影响区域植被生态质量的主要自然因素,因此,要加强气象灾害监测和防御工作。

2018 年江西省植被覆盖度和质量显著提高，植被生产力为 2000 年以来最好

戴志健　王怀清　陈兴鹃　戴芳筠　聂志强

（江西省生态气象中心　2019 年 5 月 6 日）

摘要：根据气象和卫星遥感监测，2000 年以来，江西省植被生态质量持续改善。2018 年，全省植被覆盖度比 2000 年提高了 18.4％，为 2000 年以来最高；植被指数（NDVI）为近 20 年次高；植被净初级生产力（NPP）提高了 14.7％，为 2000 年以来最好。

一、江西省植被覆盖度和质量显著提高

2000 年以来，江西省生态文明建设取得了可喜的成绩。通过卫星遥感监测分析发现，我省除城市中心区和开发区外，其他地区植被覆盖度、植被质量持续提高，其中赣东、赣南植被覆盖度和质量提高最为显著。

（一）2018 年江西省植被覆盖度明显增加，"绿度"显著提高

根据 2000—2018 年卫星资料监测分析，2018 年江西省植被覆盖度[①]显著增加，与 2000 年相比，全省植被覆盖度提高了 18.4％，变大趋势率部分地区达 0.4～0.6（％/年）（图 3-7）。

根据 2000—2018 年逐 16 天卫星资料合成的归一化植被指数（NDVI[②]）产品，我们计算了江西历年的最大 NDVI。可知 2018 年全省最大植被指数明显高于 2000 年。2018 年，全省大部地区年最大 NDVI 在 0.65～0.75，植被生态良好。其中九岭山、罗霄山、于山、武夷山、怀玉山等自然保护区年最大 NDVI 大于 0.85，比全省平均高出 12％，表明其植被基础条件好，生物多样性高，同时也表明政府对自然保护区的保护措施与成效十分显著。

从江西省逐年平均最大 NDVI 变化图（图 3-8）可以看到，2000 年以来，江西省植被生长总体呈持续改善的趋势，特别是 2011 年以来各年最大 NDVI 值均高于历年均值。其中，2015 年最大 NDVI 为 0.77，为近 20 年来最大值。2018 年的 0.76，为近 20 年来次大值，比历年均值提高了约 3％。这主要是因为 2015 年水热条件较佳，植被指数出现阶段性峰值，而 2018 年受到春夏季持续少雨以及高温干旱（3—8 月全省降水偏少 1.8 成，气温偏高 1.4℃）等不利气象条件的影响，植被生产在旺季受到一定抑制，使植被指数峰值偏低。

---

① 植被覆盖度是植被地上部分垂直投影面积占地面面积的百分比，单位％，年平均植被覆盖度为全年 12 个月植被覆盖度的平均值。

② 归一化植被指数（NDVI）是植被生长状况和植被覆盖度的最佳指示因子，无量纲，作为卫星遥感监测植被和生态环境变化的有效指标，可以很好地反映地表植被的繁茂程度，客观反映全省植被生态情况。

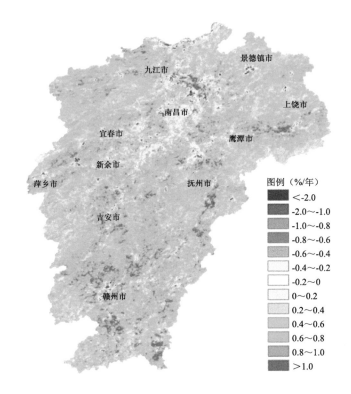

图 3-7　2000—2018 年江西省植被覆盖度变化趋势率分布图

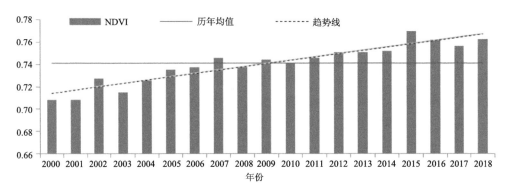

图 3-8　2000—2018 年江西省年最大 NDVI 变化

（二）江西省植被生产力为 2000 年以来最好

根据 2000—2018 年 MODIS 归一化植被指数以及同期的月气象资料,利用 GLO-PEM 模型计算得到 2000 年以来江西省各月植被净初级生产力 NPP[①] 值。

从图 3-9 可以看出,2018 年江西省植被净初级生产力 NPP 比 2000 年明显提高。植被

---

①　植被净初级生产力(NPP)是指绿色植物在单位面积、单位时间内所累积的有机物数量,一般以每平方米积累干物质的含量(克碳/平方米)来表示,可以很好地反映植物的生长状况,客观反映陆地生态系统的质量状况。

吸收的净二氧化碳量明显增多,全省植被生产力明显提升。图 3-10 也表明,2000 年以来全省植被 NPP 呈逐渐增长的趋势,平均每年增加 6.8 克碳/平方米,2018 年全省植被 NPP 为 2000 年以来最高,比 2000 年提高了 14.7%。这与江西省近年来着力提高森林质量,坚持保护优先、自然修复为主的原则,实施数量与质量并重、质量优先的措施是分不开的。

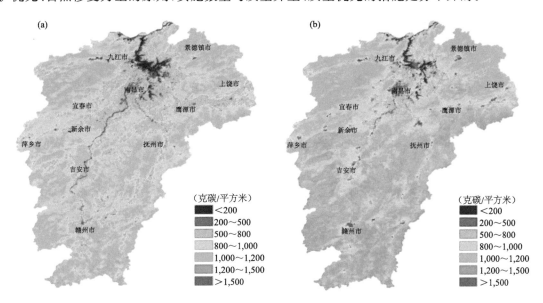

图 3-9　2000 年(a)和 2018 年(b)江西省植被净初级生产力 NPP 空间分布图

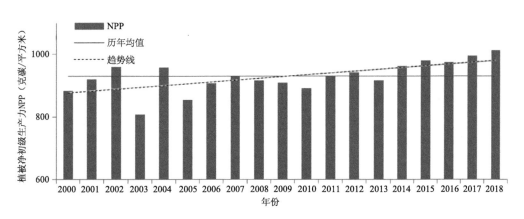

图 3-10　2000—2018 年江西省植被净初级生产力 NPP 变化

二、各设区市植被生态改善状况的分析

2000 年以来,江西省 11 个设区市的植被生态质量均有不同程度的改善。其中吉安、赣州、抚州三市植被改善程度位居省内前 3 位(图 3-11)。省会南昌,由于城市发展更快等因素,植被改善程度较其他设区市偏低,但相对于 2000 年,也有将近 80% 的植被得到了改善。

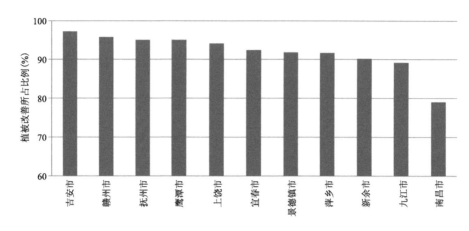

图 3-11　2000 年以来江西省 11 个设区市植被生态改善所占比例

三、对策与建议

"绿水青山就是金山银山"重要思想写入党的十九大报告和新修订的党章,为保持江西省生态文明建设的优势,建议:

(1)继续增加全省植被的覆盖度。一方面加强植树造林、退耕还林还草、矿区绿化等工作力度;另一方面加强城市生态建设与规划,增加城市植被覆盖度,恢复城市天然湿地,优化城市水系,建设"海绵城市"。

(2)提高森林植被质量,增强植被生产力。进一步加大对天然林的保护力度,扩大公益林的保护范围,改善人工林的结构,以提高森林植被质量,增强森林生产力。

(3)推广绿色生态农业、果业,增强农业、果业碳汇功能,采取措施降低化肥农药使用量,减少农田、果园的水土流失。

(4)科学应对极端天气气候事件及气象灾害等对植被生态系统的影响。加强对旱涝、冰冻、高温等气象灾害以及森林火险等级的监测预警预报,适时实施生态型人工增雨作业,增强植被生态系统灾害恢复力。

若尔盖草原湿地水源涵养功能气象评价

苑跃　张亮　杨进　王博为　李晓敏　王姝　冯晓　冯建东　杨杰

(四川省气象灾害防御技术中心　2019 年 10 月 30 日)

摘要：为贯彻落实《四川加快推进生态文明建设实施方案》,四川省气象局开展了若尔盖草原湿地水源涵养能力评价研究。报告基于气象、土地利用、水源涵养和 GIS 等数据,利用 SEBAL 模型、水量平衡法和水源涵养指数等方法,对 2001—2017 年若尔盖草原湿地的水源涵养能力进行评价,结果表明：(1)从时间变化看,区域水源涵养能力表现出微弱的上升趋势,但各行政区略有差异。(2)从空间变化看,水源涵养整体上呈从北向南逐渐增加趋势；不同植被类型水源涵养量具有显著差异：林地＞草地＞湿地。(3)研究区域内水源涵养指数按县域均值从大到小排序依次为：阿坝县＞红原县＞若尔盖县＞玛曲县＞碌曲县。(4)建议：强化气象对草原湿地生态功能的保障服务；建立完善生态补偿机制；强化生态保护红线监管。

一、评价背景与方法

若尔盖草原湿地是我国乃至世界上最大的一片高原沼泽区,区域内河网密集,有大小河流 10 余条,是黄河上游重要水源补给区,具有极重要的水源涵养功能。准确、客观评价其水源涵养能力对四川省生态环境资源集约利用和区域生态环境保护具有重要意义。

本报告基于地面气象、气象卫星、土地利用、水源涵养、GIS 等数据(表略),利用 SEBAL 模型、水量平衡法和《资源环境承载能力监测预警技术方法(试行)》中的水源涵养指数,首先对该区域 2001—2017 年的水源涵养能力进行评价,分析其时空变化趋势及气象影响因素；其次,划分该区域的水源涵养能力等级；最后,基于四川省社会经济现状,综合气候、生态环境、地理等因子提出维护和提升若尔盖草原湿地水源涵养能力的建议。

二、评价结果

(一)水源涵养空间格局

计算 2001—2017 年 17 年水源涵养量(图略)和水源涵养指数的平均值(图 3-12),分析其空间分布格局发现：(1)同一年份不同区域的水源涵养具有显著的差异性；(2)不同年份水源涵养也具有差异性；(3)研究区单位面积水源涵养从北向南有逐渐增加趋势。不同年份和不同行政区水源涵养都略有差异。

基于土地利用数据和水源涵养数据,统计 2001—2017 年 17 年不同植被类型单位面积平均水源涵养量和水源涵养指数(图 3-13),结果皆表明：不同植被类型(草地、林地和湿地)

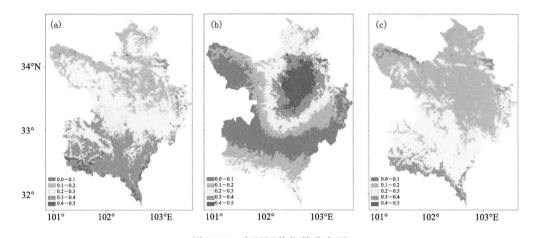

图 3-12　水源涵养指数分布图

(a)2005 年,(b)2015 年,(c)2001—2017 年平均

单位面积的水源涵养量差异显著,林地单位面积水源涵养量远远大于草地和湿地,三种植被类型的单位面积水源涵养量从大到小依次为林地、草地和湿地。

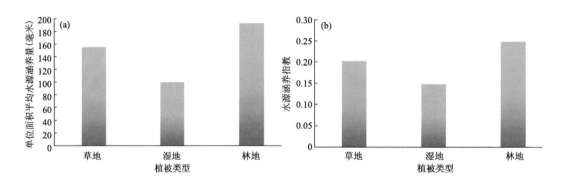

图 3-13　2001—2017 年不同植被类型平均水源涵养量(a)和水源涵养指数(b)

(二)水源涵养时间变化趋势

区域尺度上,基于研究区平均单位面积水源涵养量和水源涵养指数,拟合 2001—2017 年水源涵养量和水源涵养指数的多年变化趋势(图略),结果表明:研究时段内区域水源涵养具有微弱的上升趋势,但具有较大的波动性。

将传统方法得到的斜率(slope)分为 7 个等级(图 3-14)。从图中可以看出:(1)水源涵养量整体而言,从上向下呈现减少－增加－减少及从左向右增加－减少－增加的马鞍形空间分布格局;行政区域上,阿坝县和若尔盖县呈增加趋势,其他三县(玛曲、碌曲和红原县)呈减少趋势。(2)水源涵养指数整体上,西北角和正北方各有一块区域呈轻微减少趋势,其余大面积区域都呈轻微增加趋势;行政区域上,阿坝、红原和若尔盖三县呈增加趋势,玛曲、碌曲二县呈减少趋势。

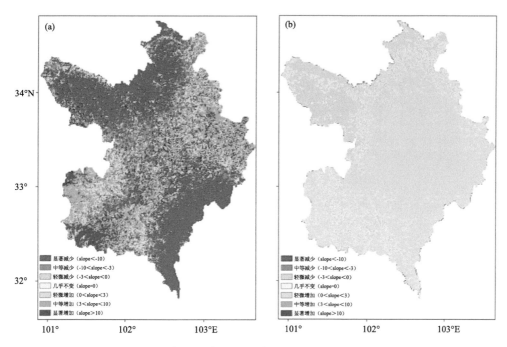

图 3-14　2001—2017 水源涵养量(a)和水源涵养指数(b)年际变化趋势分布图

(三)水源涵养影响因素分析

基于气象数据和水源涵养量数据,利用线性相关分析方法计算 2001—2017 年水源涵养量与降水和蒸散的相关性并进行显著性检验(图 3-15)。结果表明:研究区水源涵养量与蒸散和降水呈正相关关系,相关系数分别为 0.62 和 0.92,且都通过显著性检查。说明研究区的蒸散和降水显著影响区域水源涵养量。

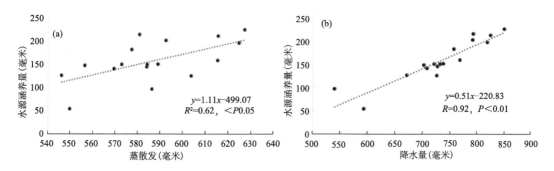

图 3-15　研究区水源涵养量与蒸散发(a)和降水(b)的相关关系

(四)水源涵养能力等级划分

将水源涵养指数按 0.0~0.1,0.1~0.2,0.2~0.3,0.3~0.4,0.4~0.5 划分 5 个等级(图 3-16)。这 5 个等级在研究区内所占比例依次为 1.52%、51.91%、40.30%、6.17%、0.09%。按县域均值从大到小排序依次为:阿坝县>红原县>若尔盖县>玛曲县>碌曲县。

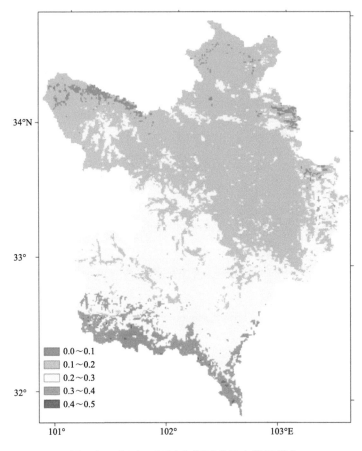

图 3-16　2001—2017 水源涵养能力等级划分

三、对策及建议

依据评价结论,结合当地社会、经济、气候、生态环境、地理等因素,对若尔盖草原湿地水源涵养功能监测、恢复与保护提出以下对策及建议:

(一)强化气象对草原湿地生态功能的保障服务

建设气候变化和生态环境监测评估体系,优化、完善气候、生态监测站点布局,强化草原、湿地和农、林、牧交错带气候生态及其变化的动态、定位监测,定期开展生态功能评估。强化若尔盖草原湿地人工影响天气的能力,进一步适应生态环境保护与建设的需求,适时、适度开展增雨、消雹等气象保障,为减轻重大气象灾害对生态环境的破坏提供气象科技支撑。

(二)建立完善生态补偿机制

完善草地生态补偿政策,建立湿地和自然保护区生态效应补偿制度,落实生态公益补偿政策,建立水能资源开发和流域生态、污水处理设施运营投资回报等补偿机制,建立当地分享资源开发收益的利益分配机制,逐步建立政府补偿与市场化相结合、生态保护受益区对生态保护贡献区补偿的生态补偿机制等。

（三）强化生态保护红线监管

坚决贯彻落实生态环境保护红线区政策,建立完善生态保护红线监测机制,定期开展监测与调查,对生态保护红线内生态环境实施动态监管;建立完善生态保护红线评价机制,构建生态保护红线生态功能评价指标体系;定期组织对生态保护红线执行情况进行评价,及时掌握生态保护红线区生态功能状况及动态变化。

2018 年陕西省气候条件适宜，
植被覆盖度达 21 世纪以来最好水平

冯蕾　何慧娟　吴林荣　王钊　卓静　刘环　王娟

(陕西省气象局　2019 年 2 月 14 日)

摘要：2018 年全省气温偏高、降水充足，较为缺水的陕北地区降水增多，整体气候条件利于植被生长。2018 年全省植被覆盖度达 21 世纪以来最高值 73.17％，生态红线区植被覆盖度高于全省平均水平，其中秦巴山地生态屏障最为突出，是全省植被覆盖度最高的区域，而黄土高原生态屏障变化最为显著，增速超过全省均值，尤其是在黄土高原丘陵沟壑区植被增速超全省一倍多，生态红线区内的植被状况整体达到高植被覆盖水平。

一、2018 年陕西省气温偏高、降水充足，气候条件利于植被生长

监测显示，2018 年陕西省平均气温 12.8℃，较历史平均值（1981—2010 年）偏高 0.75℃，尤以关中、陕南城市聚集区以及榆林市西南部增温最为明显。2018 年陕西省年降水量为 628.4 毫米，与历史平均值相当（较 1981—2010 年历史平均值高出 2.35 毫米），降水增多的区域主要位于榆林北部长城沿线风沙区以及延安西南部地区。气温偏高、降水偏多对全省植被生长十分有利（图 3-17）。

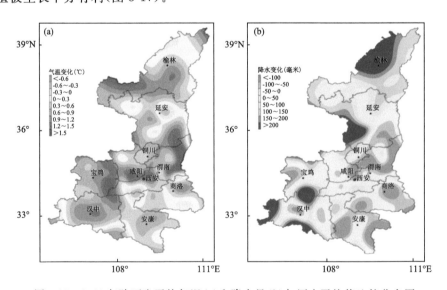

图 3-17　2018 年陕西省平均气温（a）和降水量（b）与历史平均值比较分布图

二、2018 年陕西省植被覆盖度达 21 世纪以来最高值，生态红线区植被达到高植被覆盖水平

省遥感与经济作物中心的监测显示，2000—2018 年陕西省植被覆盖度在波动中呈现增加趋势，平均每年增加速率 1.02%。其中 2018 年全省植被覆盖度达到 73.17%，创下 21 世纪以来的最高值，较 2000 年增加 16.25%，较 2017 年增加 2.59%，较 21 世纪历史最高点（2012 年）高出 1.75%（图 3-18）。

图 3-18　2000—2018 年陕西省植被覆盖度变化

2018 年陕西省大部地区植被覆盖度都有明显改善，其中秦巴山地生态屏障区植被覆盖一直保持在较高的水平，而黄土高原生态屏障区植被变化最为明显（图 3-19）。

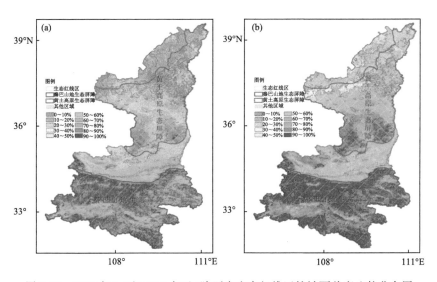

图 3-19　2000 年(a)和 2018 年(b)陕西省生态红线区植被覆盖度比较分布图

进一步分析显示,2018 年生态红线区植被覆盖度创下 21 世纪以来最高值 81.57％,较陕西省均值(73.17％)高出 8.4％,较 2000 年增加 10.26％。2018 年秦巴山地生态屏障植被覆盖度 93.4％,高出全省 20.23％。2018 年黄土高原生态屏障区植被覆盖度为 75.30％,较 2000 年增加 19.27％,年均增速达 0.76％,超过全省(0.7％)增加速率,其中黄土高原丘陵沟壑区增速尤为显著,每年增加速率达 1.54％,超过全省增速一倍多(图 3-20),2018 年生态红线区植被整体达到高植被覆盖水平。

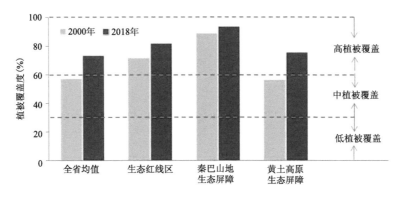

图 3-20　2000 年和 2018 年陕西省不同区域植被覆盖度统计

第四篇

农业气象决策服务

"五县一片"深度贫困地区
2019年4—9月农业气象条件分析及建议

马力文[1]　闫伟兄[1]　李阳[1]　戴明晶[2]

(1. 宁夏气象科学研究所;2. 宁夏气象服务中心　2019年3月29日)

摘要:2019年以来,"五县一片"气温偏高,降水不均,对春播有一定影响。预计4—9月"五县一片"平均气温高于历年同期,累计降水量为220～370毫米,接近历史同期,但时间分布上差异明显。"五县一片"应根据气候条件合理调整种植业结构,减轻或避免旱灾风险,中部县区可适当增加谷子、糜子等需水量小且经济价值较高作物的播种,南部县区可增加马铃薯的种植面积。各县区应积极推广抗旱节水技术,以应对可能出现的阶段性干旱。

一、今年以来气象条件对农业生产的影响

截至3月26日,宁夏"五县一片"降水除西吉县偏多5.0毫米外,其他地区偏少1.7～6.3毫米,对春播有一定影响。因墒情较差,红寺堡区、同心县旱地已停止播种春小麦,海原县南部、西吉县、原州区大部春小麦正在播种,南部山区大部分地区冬小麦长势良好。

据气象部门监测,3月26日"五县一片"0～50厘米土壤相对湿度为40%～91%,部分地区土壤墒情略差于去年同期。其中,原州区大部土壤相对湿度在70%以上,西吉县大部、海原县南部为60%～70%,土壤墒情较好,对冬小麦返青和春播十分有利;同心县灌区、红寺堡区灌区土壤墒情较好,春播进展顺利;同心县、红寺堡区、海原县北部的旱地土壤墒情较差,个别地区达到中旱,不适宜春播;中卫市山区土壤湿度不足40%,旱情较重(图4-1)。

二、2019年气候预测

据预测,4—9月"五县一片"各月的平均气温均比历年同期偏高,其中原州区、西吉县、海原县4—7月逐月平均气温较历年同期偏高0.5～0.6℃,同心县偏高0.5～1.0℃;8月各地气温普遍偏高0.8～1.2℃,9月海原县、同心县气温偏高0.8℃左右,原州区、西吉县与历年同期持平。

预计4—9月累积降水量为220～370毫米,接近历史同期,但时间分布上差异明显。其中,4月和6月各地偏少1～2成,5月偏多4成左右,7月偏多2成,8月各地降水普遍偏少2～3成,将出现阶段性高温干旱天气。9月中部干旱带降水量偏多1～2成,原州区和西吉县接近常年。各地月平均气温和降水量预测结果见图4-2。

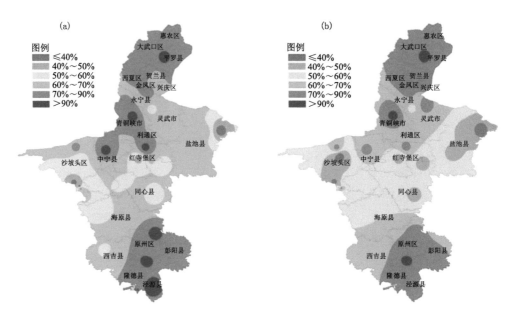

图 4-1　3 月 26 日土壤相对湿度对比图

(a)2018 年；(b)2019 年

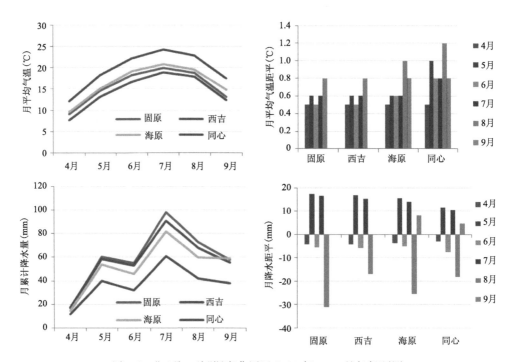

图 4-2　"五县一片"深度贫困区 2019 年 4—9 月气候预测

（左列为预测值，右列为距平值）

三、农业生产面临的形势

根据当前气象条件和土壤墒情,结合气候预测分析,今年"五县一片"北部即同心县、红寺堡区、海原县北部夏秋粮生产形势均不乐观。主要体现在:目前土壤墒情差,夏粮播种受影响,且根据气候预测分析,小麦苗期、灌浆期受旱的可能性大;玉米拔节—抽雄期、灌浆期可能受旱,影响产量。西吉县、原州区大部、海原县南部目前土壤墒情较好,为后期农业生产奠定了基础,但不排除阶段性干旱的可能。

具体来看,4月气温偏高,降水偏少影响小麦分蘖和幼穗分化,可能影响密度和穗长;另外,4月是玉米、马铃薯、胡麻及夏杂作物的播种期,干旱致使干土层较厚,对旱地作物的适期播种和出苗产生不利影响。5月各地降水偏多,适合马铃薯、谷子、糜子、荞麦等作物的播种出苗,也有利于小麦拔节起身和玉米的苗期生长。6月各地降水偏少,可能出现阶段性干旱,影响小麦籽粒灌浆、玉米拔节起身和马铃薯发棵,也不利于荞麦等喜凉作物的生长。7月各地气温偏高,降水偏多,雨热同季,有利于小麦灌浆成熟、玉米抽雄吐丝,也有利于杂粮生长,但局地暴雨、冰雹等强对流天气可能影响夏粮作物的收获。8月可能出现明显的干旱天气,不利于玉米和秋杂粮的灌浆,也不利于马铃薯的块茎膨大,可能造成秋作物减产。9月"五县一片"的南部地区气温、降水与常年持平,中北部地区气温偏高,降水正常偏多,秋作物成熟收获期气象条件基本正常。

总体来看,今年作物生长季"五县一片"地区降水量接近常年,但时间上分布不均,出现阶段性春旱和夏伏旱可能性大,特别是作物旺盛和关键生长期降水偏少,要给予足够重视。

四、几点建议

气象部门将进一步加强对"五县一片"天气气候的监测预测,及时发布灾害性天气信息,积极组织人工增雨和防雹作业,努力保障"五县一片"农业生产顺利开展。建议:

(1)合理布局,减轻或避免旱灾风险。据研究,宁夏冬麦、春麦、玉米、马铃薯和谷子(糜子)全生育期的需水量分别为451.9毫米、403.6毫米、551.4毫米、510.4毫米和400.1毫米。在"五县一片"的中、北部县区,建议减少玉米的种植面积,增加谷子、糜子等需水量小且生育期短的作物,确保产量。南部县区底墒积蓄较好,加之冬季出现了降雪天气,减少了土壤表层蒸发,目前土壤墒情较好,建议增加马铃薯等秋作物的面积。同时注意引进抗旱品种,合理播期、密度,提高单株抗旱能力。

(2)因地制宜,积极推广抗旱节水技术。"五县一片"大部位于中部干旱带,要积极推广高效节水措施和作物,如膜下滴灌、小畦田灌、管灌等旱作节水技术,最大限度利用水资源,减少浪费。"以供定需、以水定植、指标供水",防止盲目种植引起的不必要损失。

(3)提前预防,加强灾害性天气应对。今年夏季气温可能持续偏高,强对流天气发生概率大,各县区应注意防范极端灾害性天气,避免因灾致贫、因灾返贫。

(4)积极引导,提高农业保险覆盖范围。农业保险是农业受灾后尽快恢复生产的有力保障,要继续从农保政策制定和保险产品设计两方面入手,提高气象灾害风险防范能力。

入冬以来浙江省出现罕见阴雨寡照天气，
预计 3 月上旬前仍雨多晴少，对农业等有不利影响

高大伟[1] 严洌娜[2] 毛燕军[1] 肖晶晶[1] 金志凤[1] 刘昌杰[1]

（1. 浙江省气候中心；2. 浙江省气象台 2019 年 2 月 19 日）

摘要：2018 年 12 月入冬以来，浙江省出现历史罕见阴雨寡照天气。全省平均降水日数 49 天，为 1951 年以来同期最多，全省平均降水量 310 毫米，居 1951 年以来第三多；全省平均累积日照时数仅 138 小时，为 1951 年以来同期最少，大部分地区无日照天数破历史纪录。连续阴雨寡照天气对农业、春运和交通等带来一定不利影响。预计 3 月上旬前浙江省仍雨多晴少，中旬开始雨日有所减少；2 月下旬至 3 月，浙西地区降水量接近常年或偏多，其他地区降水量接近常年。异常天气对各行各业的不利影响将加重，需加强防范，同时要提早做好防汛准备工作。

一、入冬以来浙江省出现罕见阴雨寡照天气，多项要素破纪录

（1）浙江省降水日数为 1951 年以来同期最多，降水量历史同期第三多。2018 年 12 月 1 日至 2019 年 2 月 18 日，全省平均降水日数 49 天，较常年同期偏多 20 天，为历史同期最多；有 53 个县（市、区）降水日数破当地历史同期最多纪录，杭州城区降水日数 48 天，也为历史同期最多。全省平均降水量 310 毫米，较常年同期偏多 80%，为 1951 年以来同期第三多，其中杭州城区、临安、萧山、淳安、安吉、德清、嘉兴、龙游和诸暨 9 个县（市、区）降水量破当地历史同期最多纪录（图 4-3 和图 4-4）。

（2）日照时数历史同期最少，大部地区无日照天数破历史最多纪录。2018 年 12 月 1 日至 2019 年 1 月 18 日，浙江省平均累积日照时数 138 小时，较常年同期偏少 167 小时，为 1951 年以来同期最少；共有 40 个县（市、区）日照时数破当地历史同期最少纪录，62 个县（市、区）无日照天数破历史同期最多纪录，其中杭州城区累积日照时数 130 小时，不到常年（296 小时）的一半，为 1951 年以来同期最少。

（3）浙中北出现 2 次较大范围的降雪天气过程。2018 年 12 月 7—9 日浙北地区出现大范围中到大雪，浙西北局部暴雪，积雪深度一般为 3～8 厘米，局部 10～20 厘米，杭州城区 12 厘米。12 月 30—31 日浙中北大部地区出现中到大雪，积雪深度一般有 1～4 厘米，局部 5～8 厘米。

另外，入冬以来（2018 年 12 月 1 日以来）浙江省平均气温 7.7℃，比常年同期偏高 1.0℃；低温日数（日最低气温≤0℃）全省平均仅 6 天，较常年同期偏少 13 天，为 1951 年以来最少。

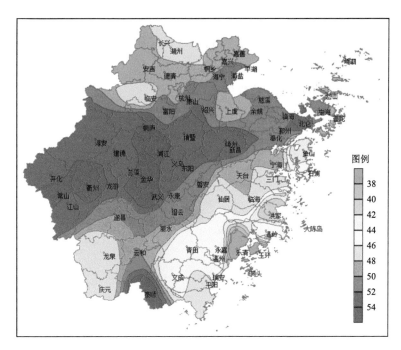

图 4-3　入冬以来浙江省降水日数分布图（天）

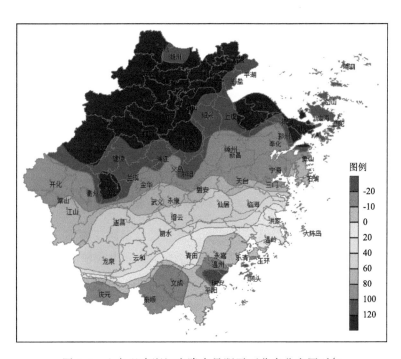

图 4-4　入冬以来浙江省降水量距平百分率分布图（％）

二、阴雨寡照天气对浙江省农业等产生一定不利影响

入冬以来,由于西北太平洋副热带高压较常年强盛,西南暖湿气流活跃,水汽充足,并与不断南下的冷空气共同影响,造成长时间阴雨寡照天气。此次异常天气对浙江省影响主要有:

(1)冬种进度推迟,各类农作物长势偏差,设施作物出现病害。持续阴雨寡照导致我省大部农田土壤过湿(图 4-5),浙北等地晚稻收割期延迟,导致部分地区小麦、油菜播种移栽期延后,春花作物播种面积减少。长时间阴雨(雪),油菜和大小麦植株生长缓慢,苗小苗弱,长势差于去年。设施大棚,因长时间高湿,草莓、番茄等出现了灰霉病等(图 4-6),影响品质;枇杷花穗腐烂,坐果率降低。

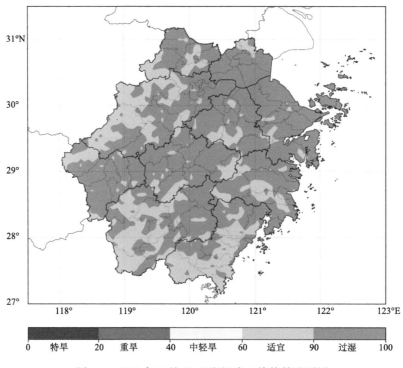

图 4-5 2019 年 2 月 18 日浙江省土壤墒情监测图

(2)对春运交通及工程建设带来不利影响。春运高峰期间受雨雪天气影响,省内高速公路几度出现拥堵;由于降雨天气湿度大,阶段性的雨雾或雾出现较频繁,对交通也产生不利影响。持续阴雨影响室外在建工程施工,对工程工期造成一定影响。

三、预计 3 月上旬前浙江省仍雨多晴少,中旬开始雨日有所减少

据最新资料分析,预计未来 10 天浙江省仍以阴雨天气为主:22 日前浙江省持续阴雨,其中 20 日夜里至 21 日浙中南地区部分有大雨局地暴雨;22—24 日西南暖湿气流相对较弱,我省降雨减弱,浙北地区阴天为主,偶见阳光,浙中南地区阴雨相间;25 日起浙北地区雨势又将有所加强,浙中南地区转为晴(多云)雨相间。3 月上旬浙江省总体雨多晴少,上旬末至

图 4-6   宁波、台州和衢州等地设施蔬菜和瓜果生长迟缓,高湿病害
(图片来源:浙江省农气中心)

中旬起降雨日数将逐渐减少。

预计 2 月下旬至 3 月总降水量,浙北和浙中地区西部 150～250 毫米,局部 250 毫米以上;全省其他地区 100～200 毫米,局部 200～250 毫米。浙西地区降水量接近常年或偏多,其他地区降水量接近常年。

由于阴雨寡照天气还将持续一段时间,对各行各业的影响将继续加重。建议:

(1)关注汛情。前期持续阴雨虽强度不大,但持续时间长,部分地区累计雨量较大,从全省来看,江河湖泊水位总体平稳,但浙北和浙中西部有部分山塘水库水位偏高,超警戒水位,要提早做好防汛准备。

(2)关注降雨引发的地质灾害风险。长时间降雨致土壤水分含量较高,山体滑坡、崩塌等地质灾害趋于高风险状态,请注意防范。

(3)关注连阴雨对农业等生产的不利影响。建议各地及时清沟排渍,密切关注当地天气预报,在天气转好时,视苗情追肥,促进越冬作物恢复生长,并做好病害的防治工作;设施农业注意除湿保温,有条件的地方可采取加热或补光增温措施,促进蔬菜、水果成熟。

内蒙古自治区干旱面积超六成，
牧区、林区以重旱为主，农区以轻旱为主

张存厚　钱连红　桑婧　杨泓锦

（内蒙古自治区气象局　2019 年 6 月 20 日）

摘要：当前内蒙古自治区干旱面积为 57.0 万平方千米，超过六成我区国土面积。牧区、林区以重旱为主，农区以轻旱为主，未来 5 天降水将缓解西部旱情，东部旱情持续发展，建议还需做好抗旱工作，采取有效措施防止旱灾的发生。

一、内蒙古自治区干旱面积超六成

监测显示，目前内蒙古自治区干旱以重旱为主，中旱及以上干旱主要出现在巴彦淖尔市大部、鄂尔多斯市大部、锡林郭勒盟大部及呼伦贝尔市西部地区。干旱发生面积 57.0 万平方千米（不包括阿拉善盟干旱面积 9.5 万平方千米），占全区农牧林总面积（不包括阿拉善盟面积 13.5 万平方千米）的 66.9％，比 6 月 9 日增加 3.3 万平方千米（图 4-7(a)）。其中，特旱面积 3.75 万平方千米，重旱面积 20.22 万平方千米，中旱面积 17.54 万平方千米，轻旱面积 15.49 万平方千米，分别占全区的 4.4％、23.7％、20.6％、18.2％（图 4-7(b) 和表 4-1）。

发生重旱、特旱（大于 1 万平方千米）旗县的干旱面积从大到小排序为：额尔古纳市、新巴尔虎右旗、乌拉特后旗、东乌珠穆沁旗、根河市、陈巴尔虎旗、阿巴嘎旗、新巴尔虎左旗、杭锦旗、鄂托克旗、鄂托克前旗。

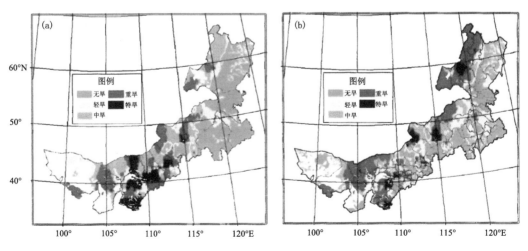

图 4-7　6 月 9 日(a) 和 6 月 19 日(b) 内蒙古自治区干旱综合评估

表 4-1　内蒙古自治区农牧林干旱面积统计(单位:万平方千米,%)

盟市名称	轻旱		中旱		重旱		特旱	
	面积	百分比	面积	百分比	面积	百分比	面积	百分比
巴彦淖尔市	0.72	11.7	1.78	28.7	3.41	55.1	0.00	0.0
包头市	0.55	20.5	0.96	35.8	0.36	13.4	0.08	2.9
赤峰市	1.66	19.9	2.01	24.1	0.02	0.2	0.00	0.0
鄂尔多斯市	1.22	16.9	1.07	14.8	2.74	37.7	0.94	13.0
呼和浩特市	0.34	20.4	0.46	27.9	0.14	8.2	0.01	0.5
呼伦贝尔市	2.71	11.8	2.18	9.5	9.43	41.2	1.06	4.6
通辽市	1.82	31.9	1.26	22.2	0.17	3.0	0.00	0.0
乌海市	0.12	74.3	0.04	25.4	0.00	0.0	0.00	0.0
乌兰察布市	1.10	20.9	1.11	21.2	0.28	5.3	0.10	1.9
锡林郭勒盟	4.34	21.8	6.25	31.4	3.68	18.5	1.56	7.8
兴安盟	0.89	17.3	0.41	7.9	0.00	0.0	0.00	0.0
总计	15.49	18.2	17.54	20.6	20.22	23.7	3.75	4.4

农区墒情接近去年同期略好于历年同期,发生干旱面积 4.71 万平方千米,占农区总面积的 51.5%,以轻旱为主。其中,特旱面积 0.16 万平方千米,重旱面积 0.67 万平方千米,中旱面积 1.81 万平方千米,轻旱面积 2.07 万平方千米,分别占农区总面积的 1,7%、7.3%、19.9%、22.6%。

牧区墒情不及去年和历年同期,发生干旱面积 44.57 万平方千米,占牧区总面积的 74.1%,以重旱为主。其中,特旱面积 3.44 万平方千米,重旱面积 15.73 万平方千米,中旱面积 14.44 万平方千米,轻旱面积 10.96 万平方千米,分别占牧区总面积的 5.8%、26.1%、24.0%、18.2%。

林区墒情不及去年和历年同期,发生干旱面积 7.69 万平方千米,占林区总面积的 48.6%,以重旱为主。其中,特旱面积 0.14 万平方千米,重旱面积 3.82 万平方千米,中旱面积 1.28 万平方千米,轻旱面积 2.45 万平方千米,分别占林区总面积的 0.9%、24.1%、8.1%、15.5%。

二、未来 5 天降水将缓解西部旱情,东部旱情持续发展

21—23 日,乌兰察布市及以西地区有小雨或雷阵雨,阿拉善盟北部和中部、巴彦淖尔市大部、鄂尔多斯西部、乌兰察布市西南部会出现中雨,局地大雨。上述地区旱情有所缓解。

24—25 日,赤峰市东北部、通辽市西北部、兴安盟东部和南部部分地区有 35℃ 以上高温天气,降水稀少。东部旱情持续发展。

三、关注与建议

一是目前牧区旱情严重,未来 3 天西部旱情有所缓解,未来 5 天,东南部地区有 35℃ 及以上的高温天气,还需做好抗旱工作,采取有效措施防止旱灾的发生。

二是呼伦贝尔市根河市金河林业局出现火情,目前林区以重旱为主,火险等级高,需做好森林防火工作。

申报"国家气候标志"品牌助推乡村振兴发展

廖玉芳　　汪天颖　　李晶

（湖南省气象科学研究所　2019 年 1 月 10 日）

摘要：农产品"国家气候标志"是一种国家级品牌，可为当地乡村经济发展起到重要的杠杆作用。目前全国已有 22 个市（县）获评"国家气候标志"，2018 年湖南省邵阳油茶在邵阳县政府的积极努力下申报成功。组织申报农产品"国家气候标志"品牌，有利于扩大当地农产品在全国的知名度。因此建议：一是以市（县）政府为主导，二是农业、生态等部门大力支持，三是气象部门通力协作，按"一县一特"农业发展需求，积极推动"国家气候标志"认定工作，作为湖南省各级政府推动当地乡村经济发展、推进乡村振兴战略和脱贫致富的一个有力抓手。

农产品"国家气候标志"是一种国家级品牌，可为当地乡村经济发展起到重要的杠杆作用。目前全国已有 22 个市（县）获评"国家气候标志"，2018 年湖南省邵阳油茶在邵阳县政府的积极努力下申报成功。组织申报农产品"国家气候标志"品牌，有利于扩大当地农产品在全国的知名度，可以作为湖南省各级政府推动当地乡村经济发展、推进乡村振兴战略和脱贫致富的一个有力抓手。

一、"国家气候标志"品牌可以助力乡村振兴发展

"国家气候标志"是指由独特的气候条件决定的气候宜居、气候生态、农产品气候品质等具有地域特色的优质气候品牌的统称，是衡量某地气候生态资源综合禀赋的科学认定。"国家气候标志"品牌共分为三类：气候宜居类、气候生态类、农产品气候品质类。"国家气候标志"的评定是由全国气候与气候变化标准化技术委员会按照量化的技术指标进行综合评判，科学而权威。

获得"国家气候标志"品牌必须具备如下条件：一是气候禀赋高，气候特色鲜明；二是生态环境好；三是气候景观丰富、气候风险较低、气象灾害相对较轻；四是地方政府生态保护意识强、绿色发展愿景大。

国外早已启动此项工作。法国葡萄酒被公认的好年份有 1982 年、1990 年、1996 年和 2000 年。这些年份气候良好、阳光充足，葡萄的成熟度和收成量都非常理想，酿出的葡萄酒能保持好独特风格。瑞典等国已建立农产品气候品质认证体系，生态农业发展迅速，近 10 年来瑞典有机食品的生产和销售都在稳步上升，2014 年瑞典有机食品的销售额增长了 38％。

近年来，中国气象局为了扎实落实国家乡村振兴战略，积极支持各地充分利用当地独特的气候环境发展壮大特色产业，形成"一县一特"的农业大格局，大力推进"国家气候标志"品

牌认定工作。目前,全国有 22 个市(县)获评国家气候标志:浙江建德、广西恭城、广东连山获得气候宜居类国家气候标志;内蒙古阿尔山、浙江宁波四明山、浙江安吉、浙江黄岩、吉林集安、新疆阿勒泰、浙江三门、云南永德、重庆酉阳、新疆温泉、内蒙古牙克石、福建福州、广东徐闻获得气候生态类国家气候标志;宁夏中宁枸杞、浙江建德苞茶、湖南邵阳油茶、浙江苍南四季柚、陕西眉县猕猴桃和凤县花椒获得农产品气候品质类国家气候标志。

我国已经初见成效。据人民网报道,获评"中国气候宜居市"的浙江建德市带动了观光旅游业的发展,2018 年接待游客人次同比增长 13.54%,旅游总收入同比增长 16.67%,旅游项目招商增长率 10.8%。获评"中国气候宜居县"的广西恭城县 2018 年全县旅游人数环比增长超过一倍,同时带动了当地特色农产品如月柿等销量大涨,大大促进了乡村经济发展。

特色农产品"国家气候标志"的品牌效应还可以带动山区贫困县的脱贫致富,山区小气候特色明显,生态环境好,当地农产品更容易获得"国家气候标志"认定,可以助力破解山区脱贫难题。

二、具体建议

湖南"一湖三山四水"特殊的生态环境孕育了全域东西南北中都有各自独特的小气候特色产品,如:新田大米、邵阳油茶、茅岩莓茶、沅江芦笋、洞口雪峰蜜橘、辰溪稻花鱼、绥宁绞股蓝等。去年湖南省邵阳油茶在邵阳县政府的积极努力下申报成功"国家气候标志",势必会助推邵阳县油茶业大格局的形成。科学评估认定全省各地小气候特色产品,大力组织申报"国家气候标志"品牌,应当成为各级政府推进当地乡村经济发展、推动乡村振兴的一项重要举措。

一是市(县)政府要积极主导。目前,湖南省"一县一特"农业大格局正在形成。"好酒不怕巷子深,酒好也要勤吆喝",积极组织申报农产品气候品质类国家气候标志,有助于扩大当地农产品在全国的知名度,助推当地的经济发展和乡村振兴。"国家气候标志"品牌是以当地县政府的名义申报的,申报工作应当是政府行为,由县(市)政府主导,当地政府领导亲自挂帅,组织相关部门积极创造条件,群策群力做好申报工作。

二是农业、生态等部门要大力支持。农产品品质检测和大气环境监测是申报工作中的必要条件,需要先行准备好。农产品气候品质类国家气候标志评定严格,评定的是农业初级产品,评审前需要提供农产品气候品质评价报告,要有待评农产品品质指标的多年检测数据、近年来空气质量监测数据等。农业、生态等部门要准确提供相关农产品的品质检测数据和生态环境监测数据,还要主动宣传湖南农产品和气候生态特色,推介湖南优质特色农产品。

三是气象部门要通力协作。"国家气候标志"品牌的认定需要气象部门提供大量的历史气候数据资料,要运用海量气候大数据、气象卫星观测和气候数值模式进行监测分析,要建立相应的农产品气候品质评价模型,要为"一县一特"进行深入的气候特色论证,为"国家气候标志"品牌提供技术支撑。同时,湖南省气象部门还应积极协助县(市)政府做好与全国气候和气候变化标准化技术委员会的衔接与技术指导工作,助推申报成功。

云南省气象干旱及未来发展趋势

顾万龙　罗庆仙　王学锋　李蒙　李蕊　马思源　晏红明　杨素雨

周德丽　梅寒　金文杰　李辰　孙玲　韦霞　杨智

（云南省气象局　2019 年 5 月 24 日）

摘要：2019 年 3 月以来云南省高温少雨创历史纪录，引发 3 月下旬开始出现气象干旱，并在 5 月以后快速发展。干旱对夏收作物产量形成、秋收旱地作物播种和生长产生了严重影响，并导致森林火险气象等级持续偏高。预计 5 月底之前没有全省性明显降水过程，气象干旱仍将持续或发展，尤其是中西部干旱区最为严重。

一、入春以来云南省持续高温少雨，气象干旱快速发展

2019 年 3 月以来，云南省平均气温较常年同期偏高 1.5℃，为历史同期最高值，4 月以来全省累计出现 35℃ 以上高温 532 站次，为常年同期的 3.5 倍，破历史纪录。

3 月以来全省平均降水量较常同期偏少 57.6%，为历史同期最少，滇中及以南的 89 个站点偏少 5 成以上，特别是 5 月全省平均降水量为 13.8 毫米，较常年同期偏少 81%。全省有 77 个站点降水量在 10 毫米以下，21 个站点滴雨未下。

3 月下旬气象干旱开始出现，并在其后范围不断扩大，等级逐步攀升，进入 5 月，气象干旱呈加速发展趋势（图 4-8）。5 月 21 日气象干旱强度达到最强，有 117 个站点出现气象干旱，其中 83 个站点达到重旱及以上等级，占全省的三分之二。5 月 22—23 日，滇中及以东以南的部分地区出现了降水，气象干旱得到一定程度的缓和，但对于滇中以西地区缓和作用有限。5 月 24 日，全省仍有 117 站、面积 36.7 万平方千米出现气象干旱，占全省总面积的 93%，其中重旱及以上 64 站、面积 20.3 万平方千米，占全省总面积的 52%，主要出现在昆明、丽江、大理、楚雄、玉溪、红河、普洱、西双版纳 8 个州（市）（图 4-9）。与 5 月 21 日相比，干旱总站数和面积持平，其中重旱及以上减少 19 站，面积减少 22%。

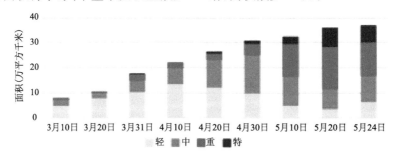

图 4-8　2019 年 3 月以来云南省气象干旱面积分级演变

干旱对夏收作物产量形成、秋收旱地作物播种和生长产生了影响,造成较大损失,据农业部门统计,农作物受害已超过 1000 万亩*。随着干旱的发展,对农业生产的影响将进一步加剧,进而影响到人畜饮水等方面。

高温低湿大风天气导致森林火险气象等级持续偏高,目前滇中和滇南大部、滇西和滇西北的东部已近两个月持续 4 级以上高危森林火险气象等级,滇中大部分地区达到 5 级。

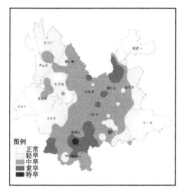 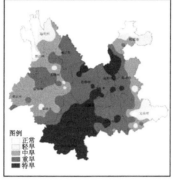 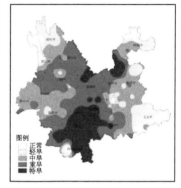

图 4-9　5 月 4 日、21 日和 24 日云南省气象干旱监测图

二、后期天气气候趋势

未来 10 天云南省东部和东南部有降水,中西部仍无明显降雨过程。其中 5 月 26 日夜间至 28 日上午滇东南有中雨局部大雨、暴雨,6 月 1—2 日滇中以南有一次小到中雨局部大雨过程。

目前云南省仅有滇西北边缘的德饮、贡山、福贡和滇东北边缘的永善、盐津 5 个站点进入雨季。预计 5 月底之前云南省没有全省性明显降水过程,尤其是中西部干旱区,没有缓解干旱的有效降水;除滇东和滇东南一部分地区在 5 月下旬进入雨季外,其他大部地区在 6 月上中旬才陆续进入雨季。主汛期(6—8 月)降水分布不均匀,区域性或单点性强降水偏多偏强,东南部和东部边缘地区较常年偏多 10%～20%,西部地区偏少 10%～20%,其余大部地区接近正常,南部地区洪涝灾害较常年偏重发生的概率较大,西部可能发生阶段性干旱。

三、气象部门积极开展抗旱和森林防火服务

面对持续发展的严重旱情,云南气象部门全力以赴开展抗旱气象服务。

一是密切关注旱情发展趋势,及时安排部署做好抗旱气象服务工作。云南省气象局及时安排部署,先后下发切实做好森林防火气象服务工作、抗旱人工增雨工作及气象监测工作的通知等多个文件,强调要切实加强以抗旱服务为重点的各项气象服务工作,把抗旱气象服务工作作为当前的重中之重抓紧抓好。全省气象部门运用各种技术手段,加强对干旱的监

---

*　1 亩＝1/15 公顷,全书同。

测预报预警。4 月 20 日以来,省气象台先后发布高温黄色预警 28 次,干旱橙色预警 3 次。积极向全省各级党委、政府领导及有关部门提供了大量的抗旱决策气象服务材料,提出了重点关注干旱发展和应对高危森林火险气象等级的建议。3 月 1 日以来,全省共制作发布干旱决策材料 577 期,高温决策服务材料 655 期,森林防火决策材料 1899 期。

二是及时报送重要气象信息专报。省气象局根据旱情发生发展情况,于 5 月 5 日报送"近期气象干旱大范围出现,将持续发展"的《重要气象信息专报》,建议关注旱情发展可能对大春作物和人畜饮水的影响,雨季开始前高温少雨低湿和多大风天气将导致森林火险气象等级持续处于高位,提出开展人工增雨作业的措施。5 月 16 日报送"未来 10 天全省仍维持高温晴热天气 气象干旱将持续发展"的《重要气象信息专报》,提出全省大部分地区雨季开始将偏晚,干旱对大春作物和人畜饮水将产生严重影响,关注持续高温气象干旱给各业行带来的间接负面影响。

三是省委、省政府根据重要气象信息部署抗旱工作。省政府根据相关信息,于 5 月 13 日召开全省烤烟生产抗旱工作电视电话会议,安排部署烤烟生产抗旱工作。5 月 14 日 12 时,云南省气象局启动重大气象灾害(干旱)Ⅳ级应急响应命令,阮成发省长在响应命令上作了批示,5 月 17 日省政府召开全省防汛抗旱工作电视电话会议,省局顾万龙副局长在会上作了发言,分析了当前的旱情和未来趋势,并对全省气象部门提出了要求;当天省委召开常委会专题研究抗旱工作,强调要全力以赴做好防汛抗旱各项工作,落实气象、水利、农业、森林防火等各方面措施,确保人民群众生命财产安全和社会大局稳定;5 月 20 日省政府召开常务会议研究抗旱工作,要求:要高度重视旱情发展,尽最大努力把灾害造成的损失降到最低限度;要保障经费投入,抓住有利天气条件,增加人工增雨作业频次,积极运用科技手段缓解旱情。省局程建刚局长列席省委常委会和省政府常务会。

四是抓住一切有利天气,积极组织开展抗旱人工增雨作业。3 月 1 日到 5 月 24 日,普洱和文山两架增雨飞机抓住时机实施增雨作业 36 架次,累计飞行 164 小时。同时昆明、曲靖、保山、丽江、西双版纳、普洱、临沧、文山、红河、大理、楚雄、德宏、昭通 13 个州市实施地面增雨作业 404 次。在气象干旱发展较重的时期,及时抓住 5 月 19—24 日有利于人工增雨作业的天气条件,共实施飞机增雨作业 5 架次,实施地面增雨作业 213 次。

五是加强部门联动合力开展抗旱气象服务。省局与省水利厅联合召开会商会,分析研判今年云南省旱涝趋势,并分别联合向省政府上报趋势预测会商分析报告,分管省领导分别作了批示;进入 5 月以来,与省防汛办联合会商 4 次;深化与省烟草部门合作,开展烤烟抗旱气象服务。5 月 22 日召开省气象灾害预警服务联络员会议,研讨当前的抗旱气象服务。

2019 年秋粮农业气候评价及秋收秋种影响分析

许莹　曹雯　陈金华　王晓东　刘瑞娜　朱雅莉
（安徽省农村综合经济信息中心　2019 年 9 月 26 日）

摘要：2019 年 6 月以来的农业气候条件总体利弊相当。夏种期全省大部降水适中，秋粮播栽顺利；伏旱期遇有阶段性高温、干旱天气，但几次分散性降水过程缓解了旱、热影响；秋粮生长中后期以来，光温充足、降水偏少，大部地区出现不同程度的旱情，对一季稻灌浆和玉米、大豆产量形成有一定影响。预计未来一周安徽省以多云天气为主；10 月降水量较常年偏少，旱情将持续发展。建议各地及时抢收已成熟作物，提前做好抗旱播种准备。

一、前期天气概况

2019 年 6 月以来，安徽省大部分地区气温偏高、降水偏少、日照偏多，暴雨洪涝总体偏轻发生，但阶段性高温、干旱对农业生产有一定影响。

（1）气温偏高、日照充足。6 月以来，安徽省平均气温 25～28℃，其中江北西部偏高 0.5～1.6℃，其他地区偏高 0.1～0.8℃。日照时数大部 660～900 小时，淮北局部达 920～980 小时；皖南大部和江北局部偏多 10～85 小时，其他大部偏多 90～270 小时。

（2）降水总体偏少，但伏旱期多分散性降水。累积降水量江北大部地区 225～400 毫米，沿淮东部、淮北局部、沿江江南及皖西山区 400～790 毫米，局部达 800 毫米以上；除皖南局部偏多 1～4 成外，其他大部地区偏少 1～6 成。梅雨期（6 月 17 日至 7 月 20 日），全省平均降水量 216 毫米，较常年同期偏少近 2 成，其中淮河以北普遍不足 100 毫米；与常年同期相比，除江南偏多外，其他地区明显偏少，淮河以北偏少 5～7 成。

二、夏种以来农业影响分析

（1）夏种关键时期，安徽省大部降水及时，作物播种、出苗顺利。6 月中下旬出现几次降水过程，江北大部地区雨量在 50 毫米以上，水稻栽插和旱作物播种进展顺利，播种进度总体与去年基本相当；苗期生长阶段气象条件适宜，苗情长势正常。

（2）秋收作物前中期遇有阶段性高温、干旱影响。出梅后安徽省分别在 7 月 20 至 8 月 3 日和 8 月 5—9 日出现两段持续高温天气，沿江江北大部地区高温持续日数普遍超过 10 天。受梅汛期雨量偏少及高温天气共同影响，7 月 16 日起江北地区出现不同程度旱情。高温、少雨天气对 7 月底以前抽穗扬花的早中稻、丘陵岗地易旱田块作物影响较大。但 7 月下旬至 8 月上中旬，受分散性降水及台风共同影响，淮北地区累积降水量 100～330 毫米，前期旱情明显缓解，有利于在地作物苗情转化升级。

(3)秋粮生长中后期以来降水持续偏少,干旱影响作物产量形成。8 月 21 日至 9 月 22 日安徽省平均气温偏高 0.1～2.1℃,日照时数江北偏多 1～50 小时,其他地区偏多 50～110 小时。累积降水量淮北北部、大别山区和江淮至沿江西部地区 10～50 毫米,偏少 5～9 成;其他大部地区 50～230 毫米,偏少 1～6 成(图 4-10(a))。由于降水量持续偏少,全省大部地区出现不同程度旱情(图 4-10(b)),造成部分一季稻结实率下降;玉米、大豆植株矮小、籽粒不饱满;棉花蕾铃脱落;晚稻长势偏弱。

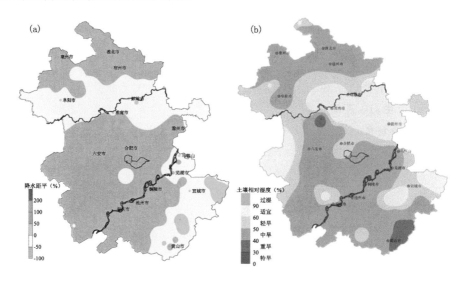

图 4-10　安徽省 2019 年 8 月 21 日至 9 月 24 日降水距平百分率(a)及
2019 年 9 月 24 日 10 厘米土层土壤水分监测(b)分布图

三、未来天气趋势预测及影响分析

预计:未来一周全省以多云天气为主。28—30 日起安徽省气温逐步回升,最高气温超过 30℃,江南部分地区可达 33℃。

预计:2019 年 10 月安徽省降水量较常年偏少,其中淮河以南大部偏少 2 成以上,气象干旱将持续和发展。主要有 2 次降水过程,出现在上旬后期(8—9 日)和下旬后期(26—28 日)。全省秋种期(10 月中旬至 11 月上旬)气候条件差,全省有气象干旱。全省月平均气温较常年偏高。月极端最低气温淮河以北和本省山区 5.0～7.0℃,其他地区 7.0～9.0℃。

据上可知,9 月下旬后期安徽省多晴好天气,利于秋收开展;10 月上旬后期的降水过程有利于土壤补墒,但由于前期旱情较重,干旱仍将持续和发展,影响秋种工作。建议:

(1)各地抓住 10 月 8 日前晴好天气收晒已成熟作物。

(2)秋种期遇干旱可能性较大。各地应密切关注 10 月天气动态,作物腾茬后建议及时抢墒、造墒播种,以免旱情加重,影响秋播进度。

(3)沿江江南晚稻仍处产量形成关键期,干旱田块应适当补充农田水分,确保晚稻灌浆期水分需求。

辽宁省粮食作物成熟收获期预测及农业生产建议

焦敏[1] 黄岩[1] 姜淼[1] 代付[1] 白晨辉[2] 宋宝辉[3]

(1.辽宁省气象局;2.辽宁省农业农村厅;3.辽宁省农业生产工程中心 2019年9月26日)

摘要:2019年前期气象条件能够满足多数地区粮食作物生长需要,农业气象灾害总体偏轻。当前辽宁省水稻、玉米等粮食作物长势较好,将陆续进入大面积收获阶段。预计秋季全省大部地区气温偏高,初霜冻出现日期较常年偏晚1~9天,有利于农作物成熟;玉米适宜收获期在9月底至10月上中旬,水稻适宜收获期在10月上中旬。

一、作物生长季气象条件分析

(1)热量和水分条件较好,能够满足作物生长需要。6月1日至9月25日,辽宁省平均气温为22.5℃,比常年偏高0.5℃,比去年偏低0.5℃;全省平均降水量为508.4毫米,比常年偏多38.6毫米,比去年偏多124.1毫米。热量和水分条件利于大田作物生长发育,对作物产量形成有利。

(2)出现局地农田渍涝作物倒伏现象,对农作物生长有一定影响。8月至9月上旬辽宁省共出现3次大范围强降水过程,分别是8月2—3日、8月10—15日、9月7—8日。受台风"利奇马"和"玲玲"影响,风雨齐上阵,对沈阳、大连、鞍山、抚顺、铁岭、葫芦岛等地作物灌浆速度略有影响,局地出现农田内涝、作物倒伏现象。大范围强降水避免了"秋吊"的发生,同时持续低温多雨天气使局地发生稻瘟病和三代黏虫,但通过统防统治总体得到有效防控。

二、水稻和玉米收获期预测

据沈阳区域气候中心预测,2019年秋季辽宁省气温比常年偏高,降水偏少,预计2019年全省初霜冻出现日期较常年(10月9日)偏晚1~9天,其中朝阳北部地区出现在9月下旬,大连、丹东南部地区出现在10月下旬,鞍山北部、抚顺东部、本溪东部、铁岭东部、朝阳大部地区出现在10月上旬,其他地区出现在10月中旬,有利于作物成熟增重。预计10月2—3日我省将有一次小雨天气过程。

根据作物长势及气候预测,预计辽宁省玉米于9月中下旬陆续进入成熟期,水稻于9月下旬至10月上旬进入成熟期;玉米适宜收获期为9月底至10月上中旬,收获时间比常年略偏晚;水稻适宜收获期为10月上中旬,与常年基本持平(图4-11和图4-12)。

图 4-11　辽宁省玉米适宜收获期预报图

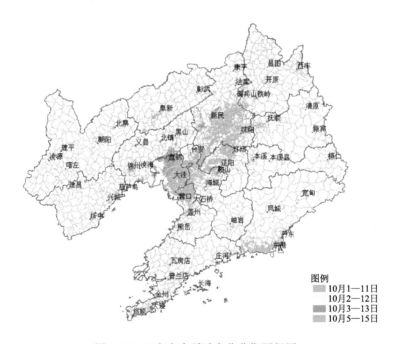

图 4-12　辽宁省水稻适宜收获期预报图

三、农业生产建议

各地要加强部门协作,及时发布灾害性天气、初霜冻日期、作物最佳收获期等农事气象信息,加强分类指导,落实关键技术措施,指导农民合理安排秋季田管和秋收作业。

(1)适时追肥促早熟。对生长发育延迟的作物适时喷施叶面肥料或植物生长调节剂,促进农作物生长发育,加快灌浆成熟。

(2)加强田管促生长。水稻主产区要实行以浅为主的间歇灌溉,增强土壤透气性和根系活力。井灌稻区尽量延晚撤水时间,防止后期早衰、影响籽粒成熟度。

(3)适时晚收促粒重。充分利用玉米的后熟作用适时晚收,根据天气预报在初霜冻前1～2天进行收获,提高玉米产量及品质;在确保水稻安全收获的前提下延晚收割,提高籽粒成熟度,增加产量,降低籽粒含水量。

(4)科学调度促机收。加强农机调度和机手培训指导,合理调配作业机具,精心组织跨区机收,最大限度扩大机收面积、提高收获质量,确保适时收获、颗粒归仓。

北方冬麦区水热条件较好利于形成冬前壮苗，
未来 10 天长江中下游地区旱情仍将持续

李佳英 郭安红 郑昌玲

（国家气象中心 2019 年 11 月 8 日）

摘要： 2019 年 10 月以来，全国大部农区气温接近常年同期或偏高，降水西多东少，北方冬麦区大部土壤墒情适宜，利于冬小麦出苗生长。但是长江中下游地区干旱持续，部分灌溉条件较差地区的晚稻抽穗灌浆、油菜播种育苗、茶树等经济林木生产以及柑橘和脐橙等水果产量品质受到影响；西南地区多阴雨天气导致土壤持续过湿，影响秋播进度。预计 11 月中下旬，北方冬麦区大部有弱降水过程，利于麦田增墒和冬前形成壮苗；长江中下游地区未来 10 天降水偏少，中旬后期降水将有所增加，旱情有望逐步减轻。西南地区阴雨天气将于中旬后期转好，土壤过湿状况将改善，利于加快秋播进度。

一、近期农业气象条件分析

北方冬麦区墒情适宜利于冬小麦播种出苗和幼苗生长。10 月以来，西北地区东部、华北和黄淮等冬小麦主产区大部地区降水量有 25～100 毫米，比常年同期偏多 3 成至 2 倍，有效增加土壤墒情（图 4-13），利于冬小麦播种出苗和幼苗生长；仅河北东南部、山东东部部分地区土壤表墒偏差。

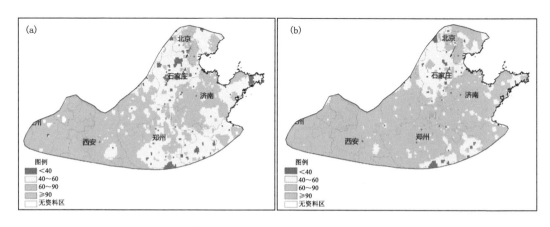

图 4-13 11 月 8 日北方冬麦区 10 厘米（a）和 20 厘米（b）土壤相对湿度分布图

长江中下游持续干旱影响农业生产。7 月下旬以来，江淮西南部、江汉和江南大部气温偏高 1～2℃，降水量偏少 5～9 成，湖北、江西降水量为 1961 年以来同期最少；温高雨少导致湖北东部、湖南、江西北部、安徽南部和江苏西南部等地农业干旱持续或发展,部分灌溉条件较差地区的晚稻抽穗灌浆、油菜播种育苗、茶树等经济林木生产以及柑橘和脐橙等水果产量品质受到影响,其中江西柑橘产量较上年下降约10%,安徽南部部分油菜无法及时移栽,江西油菜播种进度偏慢20%。

西南地区多阴雨天气延缓秋种进度。10月以来,西南地区降水量偏多5成至2倍,阴雨日数偏多5~8天,其中四川盆地东部日照偏少3~5成,部分农田土壤持续过湿,冬小麦备耕播种和油菜移栽受到一定程度影响。

冬小麦和油菜长势接近去年同期,秋播进度偏慢。根据农业气象观测统计,目前北方大部冬小麦处于三叶至分蘖期,江淮、江汉、西南地区冬小麦处于播种出苗期,发育期正常或偏早3~10天;全国油菜一类苗和二类苗比例分别为10%和88%,总体与去年同期持平。截至11月5日,全国冬小麦已播种84.2%,同比偏慢0.8个百分点;全国油菜已播84.9%,进度同比偏慢1.4个百分点。

二、未来气象条件影响分析

北方冬麦区:预计未来10天(11月8—17日)北方冬麦区平均气温偏高1~3℃,但冷空气势力将逐步增强,受9—11日和11—14日冷空气过程影响,西北地区东部、华北和黄淮有小到中雨,但大部麦区最低气温在0℃以上;未来20天(11月18—27日)北方冬麦区气温和降水均接近常年同期。降水有助于麦田土壤增墒,气温逐步下降利于冬小麦进行抗寒锻炼和形成冬前壮苗。

长江中下游地区:预计未来10天,长江中下游降水偏少,仅12日前后江淮、江南将有小雨;预计11月中旬后期,长江中下游地区降水较前期有所增多,累计降水量有10~30毫米,农业旱情有望逐步减轻。

西南地区:预计11月中下旬,西南地区阴雨范围缩小,以过程性降水天气为主,利于土壤散墒,加快秋播进度。

三、农业生产建议

北方冬麦区要做好分类管理,促进形成冬前壮苗。北方冬麦区要密切关注降水、墒情变化,做好分类管理,适时灌溉、培土施肥,促进小麦扎根分蘖和形成冬前壮苗。

长江中下游地区需继续做好抗旱工作。未来10天长江中下游地区旱情持续,各地要积极开发水源,适时开展人工增雨作业,及时造墒抢墒秋播;经济林果要及时灌溉、施肥,减轻干旱危害;部分因旱无法播种油菜的地区降雨后可改种其他作物或蔬菜。

西南地区及时清沟散墒,尽快完成秋播任务。西南地区要抓住天气转好的有利时机及时清沟理墒、降低田间湿度,尽快完成冬小麦播种和油菜移栽工作。

第五篇

气象保障决策服务

北京国庆期间天气风险评估报告

轩春怡   刘勇洪   李炬   舒文军   张英娟   陈大刚   张潇潇

（北京市气象局   2019 年 4 月 9 日）

摘要： 国庆 70 周年庆祝活动期间主要天气风险（从高到低）依次为降水/阴雨、白天大风、雾—霾、夜晚大风、高温直晒、雷电、低温 7 类。7 类天气风险中，降水/阴雨、白天大风、夜晚大风、高温直晒、雷电、低温 6 类均为不可控风险，雾—霾中的霾为可降低风险。在风险控制方面，由于北京庆祝活动期间的大部分天气风险存在不可控、不易消除等特点，因此，一方面需要气象部门按气象行业标准《大型活动气象服务指南——工作流程》（QX/T 274—2015）及时、有针对性地做好短期气候预测和短临天气预报、预警以及跟踪服务，并提供现场气象保障服务，为其他部门提前采取相关防护措施提供参考依据；另一方面也需要相关部门及时做好各种天气风险下的预案应对措施，以保障庆祝活动顺利开展。

一、国庆期间基本气候概况

资料来源：天安门自动气象站 2000—2018 年国庆期间（9 月 25 日至 10 月 5 日，下同）逐时温度、风速、降水等气象要素（注：该站无雾、霾、沙尘等要天气现象观测）。

（一）气温与相对湿度

国庆期间天安门地区多年平均气温为 18.9℃（国庆日为 18.8℃），平均最高气温 23.4℃，平均最低气温 14.9℃，平均日较差为 7.2℃（国庆日为 6.8℃）。

国庆期间天安门地区≥28℃的天气出现概率为 5%（国庆日为 10%），极端最高气温为 31.4℃，极端最低气温为 6.6℃；国庆日极端最高气温为 29.2℃，极端最低气温为 10.2℃。

国庆期间平均相对湿度为 56%，国庆日为 58%。

按国家标准《人体环境气候舒适度评价》（GB/T 27963—2011）评估，天安门地区国庆期间 08—22 时人体感觉舒适，01—08 时人体感觉偏冷，较不舒适。

（二）风速与风向

国庆期间天安门地区平均风速为 1.9 米/秒（国庆日为 2.4 米/秒）。国庆期间主导风为偏北风（频率为 46.7%），国庆日上午时段（06—11 时）天安门地区盛行风向为北风，偏南风出现频率不足 3%；下午时段（12—17 时）虽然盛行风向仍为北风，但偏南风频率较上午大幅增加，达到 29%；夜晚时段（18—23 时）是偏南风频率最多时段，达到 48%。

国庆日夜晚燃放烟花时段（18—23 时）极大风速以 6 级以内的风为主，风向为偏南风时极大风速都在 6 级以内，6 级以上的大风风向都是偏北风。国庆日天安门地区 2002 年、2003

年、2004 年和 2015 年均出现了极大风速超过 7 级的时次（图 5-1），较集中于午后时段，风向均为偏北风。

2000 年以来国庆期间和国庆日逐时极大风速资料表明，国庆期间和国庆日逐时极大风速变化趋势基本一致。具体来说，国庆日白天上午时段（09—12 时），极大风速≥6 级出现频率在 21％以上；在夜晚时段（18—23 时），极大风速≥3 级的出现频率在 50％以上，极大风速≥6 级的出现频率明显减少，18—19 时在 10％～16％，此后低于 10％。

国庆期间，天安门地区极大风速为 23.3 米/秒（9 级），出现在 2002 年 10 月 1 日 13 时；傍晚极大风速为 14.0 米/秒（7 级），出现在 2004 年 10 月 1 日 18 时。

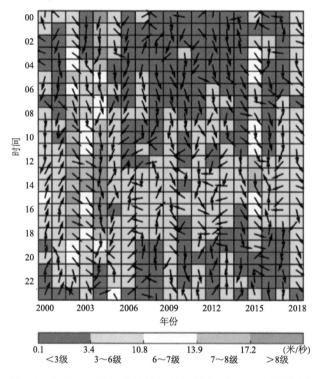

图 5-1　历年国庆日极大风速等级及风向图（箭头表示风向）

（三）降水

天安门地区国庆期间雨日出现概率为 22％（国庆日为 26％），平均降雨日数为 2.4 天（最多为 5 天），平均日降水量为 6.5 毫米（国庆日为 7.2 毫米，小雨级别）；最大日降水量为 43.0 毫米（大雨），出现在 1997 年 10 月 3 日；国庆日最大日降水量为 18.2 毫米（中雨），出现在 2013 年 10 月 1 日。

从国庆期间和国庆日逐时降水概率及平均雨强资料（图 5-2）可以分析得出，国庆期间各时次均有出现降水的可能，但平均雨强都小于 3.5 毫米/小时，其中 10—11 时前后雨强较大；国庆日平均雨强小于 4.5 毫米/小时，小时最大雨强为 9.6 毫米/小时，相当于大雨级别，出现在 2013 年 10 月 1 日 06—07 时。

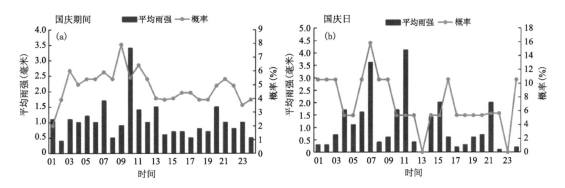

图 5-2　天安门地区国庆期间(a)和国庆日(b)逐时降水概率及

有雨日平均雨强(2000—2018 年)

二、国庆期间高影响天气分析

资料来源:北京地区代表气象站——观象台(北京南五环附近,距离天安门广场约 12 千米)近 30 年(1989—2018 年)9 月 25 日至 10 月 5 日逐日气温、降水、云量等气象要素。

(一)阴雨及低能见度

近 30 年来,国庆期间总降水日数为 65 天,降雨出现概率为 20%(国庆日降雨概率为 30%),其中中雨以上出现概率为 4%。

国庆期间平均能见度为 14.5 千米(国庆日 14.3 千米),最低值为 0.9 千米,国庆日低于 10 千米能见度出现概率为 37%。

国庆期间阴天(低云量≥8 成)出现概率仅为 5%,阴雨天合计出现概率约为 21%。

(二)雾、霾、大风、雷电

近 30 年来,国庆期间出现雾日和霾日分别为 19 天和 43 天,合计雾—霾日出现概率为 20%(国庆日雾—霾出现 8 天,合计出现概率为 27%)。

国庆期间大风日(极大风速≥17.2 米/秒,8 级)出现过 1 次(2002 年 10 月 1 日)。

国庆日没有出现过雷电,但国庆期间出现雷电 13 天,出现概率为 4%,其中 2000 年出现 2 天。

(三)高温和低温

近 30 年来,国庆期间观象台日极端最高气温为 31.0℃,有 2 天日最高气温超过 30℃,均出现在 2006 年;最高气温≥28℃的天气共出现 14 天,出现概率为 4%;日极端最低气温为 3.1℃,有 2 天日最低气温低于 5℃,最低气温≤5℃的出现概率为 1%。

三、国庆期间天气风险判别及风险控制

根据灾害风险原理,国庆庆祝活动期间天气风险可以表达为:风险度=危险度×易损度。其中,危险度用高影响天气出现概率(或频率)来表征,易损度用高影响天气对庆祝活动影响的严重程度来表征。由此,依据《自然灾害类、事故灾难类风险评估与控制工作手册》与

《北京市突发事件应急委员会关于印发北京市公共安全风险管理实施指南的通知》（京应急委发〔2010〕8 号），可以采用风险矩阵法确定国庆庆祝活动期间的高影响天气风险等级。

通过前文中对国庆期间高影响天气出现概率（频率）的计算分析，结合其对国庆庆祝活动可能造成影响的严重程度综合分析得到：北京地区国庆期间对庆祝活动有影响的主要高影响天气风险从高到低依次为：降水/阴雨—高风险、夜晚大风—中风险、雾—霾—高风险、白天大风—高风险、高温—低风险、雷电—低风险、低温—低风险。具体风险等级及风险控制如表 5-1 所示：

表 5-1　国庆庆祝活动期间高影响天气风险评估

风险序号	风险名称	可能性	后果	风险等级	风险控制
1	降水/阴雨	可能	重大	高风险	不可控风险 C 类，按《大型活动气象服务指南——工作流程》开展风险控制
2	白天大风	可能	重大	高风险	不可控风险 C 类，按《大型活动气象服务指南——工作流程》开展风险控制及现场气象服务，同时相关行业与部门需采取防风加固措施
3	雾—霾	可能	重大	高风险	可降低风险 B 类，按《大型活动气象服务指南——工作流程》开展风险控制，同时相关部门采取大气污染防治措施减轻污染程度
4	夜晚大风	可能	较大	中风险	不可控风险 C 类，按《大型活动气象服务指南——工作流程》开展风险控制及现场气象服务，相关部门需采取防火安全措施
5	高温直晒	较不可能	一般	低风险	不可控风险 C 类，按《大型活动气象服务指南——工作流程》开展风险控制，相关部门和人群需采取防晒降温措施
6	雷电	较不可能	一般	低风险	不可控风险 C 类，按《大型活动气象服务指南——工作流程》开展风险控制及现场气象服务，相关部门做好防雷措施
7	低温	较不可能	一般	低风险	不可控风险 C 类，按《大型活动气象服务指南——工作流程》开展风险控制，相关部门和人群需采取防寒保暖措施

四、风险地图

北京国庆期间天气风险地图如图 5-3 所示，高影响天气风险主要集中于北京城六区区域，其中：（1）高温、夜晚大风和低温主要影响的是室外大型活动人群，这些活动主要集中于天安门广场及周边区域（东城区和西城区）；（2）其他天气风险如降水/阴雨、雾—霾、白天大风、雷电等对城市生命线、庆祝活动、空中梯队排练均可能造成影响。

因此，就风险防范区域来说，可以进一步分为核心区、重要区和次要区。东城、西城为所有的 7 种高影响天气风险区，是庆祝活动天气风险重点防范区，其中天安门广场及周边是国庆日庆祝活动聚集场所，是核心防范区；海淀、朝阳、丰台和石景山为降水/阴雨、雾—霾、白天大风、雷电风险区，是庆祝活动天气风险次要防范区。

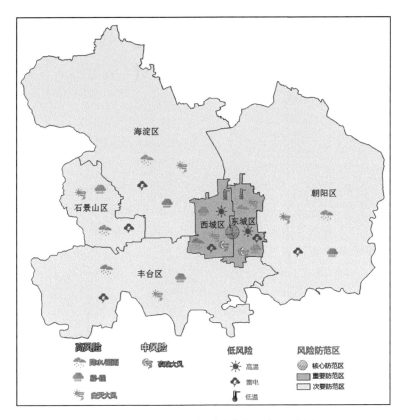

图 5-3　北京国庆庆祝活动期间天气风险图

五、天气风险控制总体工作建议

(一)天气风险存在的共性问题

北京国庆期间存在 7 类高影响天气风险,这 7 类天气风险具有以下共性特征:(1)不可控性:由于天气的自然属性,除了霾天气风险可以通过人为措施减轻外,其他都属于不可控类风险;(2)不易消除性:高温直晒和夜间低温天气风险主要针对人群,可以通过人群的自我防护减轻或消除这种危害,其他天气风险均针对庆祝活动本身,由于庆祝活动是一个庞大的系统工程,涉及因素较多,天气风险出现时不易减轻或消除。

(二)天气风险管理的总体工作建议

由于北京庆祝活动期间的天气风险存在不可控和不易消除等特征,因此,一方面需要气象部门按气象行业标准《大型活动气象服务指南——工作流程》(QX/T 274—2015)及时做好短期气候预测及短临天气预报、预警服务,并提供现场气象保障服务,为其他部门提前采取相关防护措施提供参考依据;另一方面也需要相关部门及时做好各种天气风险下的预案应对措施,以保障在各种天气风险下活动顺利开展。

第二届全国青年运动会开(闭)幕式和赛期
气象条件分析及风险评估报告

赵彩萍[1]　刘文平[2]　李梦军[1]　刘月丽[2]　李兆奇[1]　张冬峰[2]　杨培芬[3]

(1.太原市气象局;2.山西省气候中心;3.山西省气象局减灾处　2019 年 7 月 5 日)

摘要:第二届全国青年运动会举办期间(8月8—18日),正值山西省主汛期,天气复杂多变,高影响、灾害性天气时有发生,可能会对赛事、活动等带来影响。为更好地做好青运会气象保障服务工作,太原市气象局、山西省气候中心在统计分析历史同期气象要素和主要灾害性天气基础上,按照气象条件对赛事活动的影响程度进行风险分级,并提出相应的应对建议。

一、开幕式当日(8 月 8 日)太原综合气象条件分析

(一)降水

开幕式当日出现降水的概率为 35.0%。近 40 年 8 月 8 日平均降水量 1.8 毫米,有 14 年出现降水天气,其中 11 年为小雨、3 年为中雨,日最大降水量 22.3 毫米。

开幕式举办时段降水概率为 25.0%。近 40 年 8 月 8 日 16—23 时,有 10 年出现了降水,最大小时降水量为 5.2 毫米,出现在 16 时;19 时和 20 时降水频次最高,但小时降水量均小于 3 毫米。

考虑天气过程提前或滞后的可能性,对近 40 年开幕式前后两天气象要素的统计表明:8 月 6—10 日,太原市降水概率为 42.5%,日平均降雨量 3.2 毫米;其中小雨 49 天,中雨 9 天,大雨 7 天,暴雨 1 天。开幕式时段(16—23 时)降水概率 25.5%,出现雨强大于 10 毫米/小时的降水 4 次,最大雨强 30.4 毫米/小时。

(二)气温

近 40 年,开幕式当日平均气温 24.2℃,日最高气温超过 30℃ 的日数为 21 天,极端最高气温为 34.0℃;极端最低气温为 10.5℃。开幕式前后两天,太原市平均气温为 24.2℃,日最高气温超过 30℃ 的日数为 104 天,超过 35℃ 的日数仅 1 天,达 36.0℃。

(三)风向风速

近 40 年,开幕式当日盛行西南风,平均风速 1.4 米/秒,瞬时最大风速 11.6 米/秒(6 级)。开幕式时段平均风速 1.7 米/秒,小时最大风速 4.1 米/秒(3 级),出现在 17 时。

近 40 年,开幕式前后两天盛行风为东北风,平均风速 1.4 米/秒;有 5 年出现了 7 级以上的瞬时大风。

(四)高影响天气

雷暴、高温闷热和强降水是开幕式当日可能发生的主要高影响天气。发生概率分别为51.4%、27.5%和3.0%。

近40年,开幕式前后两天,太原市区出现暴雨2次,短时强降水3次,雷暴94次,雾3次,高温1次,冰雹1次。综合分析,短时强降水、暴雨、雷暴大风等高影响天气再出现的可能性较大,需防范其对赛事活动的不利影响。

二、闭幕式当日(8月18日)综合气象条件分析

(一)降水

近40年,闭幕式当日降水概率38.0%,18日平均降水量3.8毫米,有15年出现了降水,日最大降水量为44.5毫米。闭幕式举办时间段降水概率22.5%,有9年出现了降水,其中4年有中雨,最大小时降水量15.4毫米,出现在18时。

(二)气温

近40年,闭幕式当日平均气温22.4℃,有12年最高气温超过30℃,极端最高、最低气温分别为32.9℃、12.5℃。

(三)风向风速

近40年,闭幕式当日平均风速1.2米/秒,盛行风向为西北风。闭幕式举行时段平均风速1.7米/秒,主导风向为偏北风。

(四)高影响天气

近40年,闭幕式当日出现的高影响天气主要有降水、雷暴、雾等,出现频次分别为15次、10次、2次。

闭幕式计划在室内进行,气象条件的影响较小,但仍需防范可能出现的短时强降水、雷暴等高影响天气带来的不利影响。

三、青运会期间(8月8—18日)综合气象条件分析

(一)太原赛期综合气象条件分析

(1)气温、相对湿度、风

8月8—18日,太原多年平均气温22.5℃,极端最高气温35.8℃;平均相对湿度71.9%;平均风速1.7米/秒,主导风向为偏北风。赛期逐日气象要素变化见表5-2。

表5-2 青运赛会期间太原平均温度、湿度和风统计表

日期	平均气温 (℃)	最高气温 (℃)	最低气温 (℃)	平均相对 湿度(%)	平均风速 (米/秒)	主导风向
8日	23.4	29.5	18.5	70.7	1.6	SW
9日	23.3	29.4	18.4	72.1	1.5	E
10日	23.2	29.5	18.1	70.5	1.5	ENE

续表

日期	平均气温 （℃）	最高气温 （℃）	最低气温 （℃）	平均相对 湿度（%）	平均风速 （米/秒）	主导风向
11 日	23.2	29.6	17.8	70.4	1.5	NNE
12 日	23.1	29.1	18.3	71.3	1.4	NNE
13 日	22.4	28.5	17.6	73.1	1.6	N
14 日	22.0	28.0	17.2	72.9	1.5	NNW
15 日	21.8	27.8	17.1	73.6	1.5	N
16 日	21.6	27.7	16.7	73.0	1.5	E
17 日	21.9	27.9	16.9	70.6	1.5	ENE
18 日	21.4	27.3	16.7	72.2	1.4	NW

（2）降水

8 月 8—18 日，太原市多年日平均降水量 1.0～5.1 毫米，降水概率 26.1%～46.1%。赛期，出现中雨及以上降水的概率为 14.1%，出现暴雨概率为 1.8%，最大降水量为 93.8 毫米。

分时雨量及最大小时雨量统计显示，太原中等强度以上的降水具有明显的夜雨型、对流性特征。夜间 02—03 时雨量急剧增大，04—08 时降水频次最高；白天 09—10 时、14—20 时雨量较大，且常伴有雷电。暴雨过程中上述时段都出现过降水强度大于 35 毫米的强降水，尤以 19 时为甚，最大小时雨强达 60 毫米。

（3）高影响天气

短时强降水：是青运会比赛期间影响最大的灾害性天气。近 40 年来共出现短时强降水 27 次，发生概率 6.1%。其中，11 日与 15 日均出现了 4 次，最大雨强 60.0 毫米/小时。

雷暴：是青运会期间最易发生的灾害性天气，40 年中共出现 158 次，概率 41.0%。其中，8 月 9 日出现频次最高，达 21 次，其他日期出现频次为 7～18 次。

暴雨：近 40 年，8—18 日出现暴雨过程 13 次，发生概率 3.0%。

高温：近 40 年，8—18 日出现高温天气 8 天，概率不足 2%，无 37℃以上的高温天气。

冰雹：近 40 年，8—18 日出现冰雹天气 15 次，概率 3.4%。9—10 日、15 日冰雹发生概率为 7.5%，其他日期概率较小。

雾：近 40 年，8—18 日出现大雾天气 34 次，16 日与 18 日分别有 5 年出现了大雾。但 8 月出现的雾常常在日出后趋于消散，因而对赛事影响有限。

大风：近 40 年，8—18 日出现大风过程 14 次，9 日和 12 日大风发生概率为 7.5%。

（二）山西主要比赛地点赛期气象条件分析

赛事期间（8 月 8—18 日），全省主要比赛地点历史同期平均气温 21.1～26.6℃，最高气温 27.1～31.8℃，运城、临汾等地出现 1 天以上的高温天气。历史同期降水量 28.9～48 毫米，降水概率在 29.4%～41.1%，各地均出现过大雨以上的强降水天气（表 5-3），需重点关注阳泉、晋中、太原、阳曲、忻州等地比赛场馆。

表 5-3 山西主要比赛地点赛期气象要素和灾害性天气统计表

县市	平均气温(℃)	最高气温(℃)	高温日数(天)	降水量(毫米)	降水概率(%)	中雨以上概率(%)	大雨以上概率(%)	暴雨以上概率(%)	大风日数(天)	雷暴日数(天)
大同	21.1	27.1	0.03	28.9	36.6	8.4	1.9	0.2	0.21	2.0
怀仁	21.8	27.5	0.00	29.1	40.0	8.6	2.6	0.0	0.11	2.2
忻州	21.7	28.1	0.08	39.7	41.1	10.8	4.1	1.2	0.05	2.7
吕梁	22.4	28.7	0.08	36	38.3	10.0	3.6	0.5	0.37	2.0
孝义	23.1	29.1	0.29	36.9	33.3	10.5	3.6	1.0	0.08	1.8
太原	22.9	28.9	0.05	34.9	34.2	9.6	3.6	0.7	0.13	2.1
阳曲	22.2	28.5	0.05	36.5	38.3	9.6	4.1	0.7	0.00	2.1
晋中	23.0	29.1	0.24	33.5	34.9	11.0	4.3	0.2	0.16	2.1
阳泉	23.1	28.5	0.13	48.0	40.7	12.2	5.5	1.4	0.11	2.4
榆社	21.3	27.5	0.00	42.6	39.7	10.5	3.6	1.4	0.16	2.4
临汾	25.7	31.2	1.39	31.4	30.9	8.9	3.8	0.7	0.18	1.6
屯留	22.1	27.9	0.00	37.8	36.8	10.3	3.8	1.2	0.03	1.9
长治	21.4	27.2	0.00	41.5	40.4	11.7	3.6	1.2	0.21	1.9
运城	26.6	31.8	2.32	29.2	29.4	9.3	3.1	0.5	0.61	1.2
晋城	23.5	28.4	0.13	40.6	39.2	12.0	3.8	0.7	0.03	1.9

四、开幕式气象风险分级及响应建议

根据恶劣天气条件可能对开幕式产生的影响及后果,将开幕式主要时段气象风险等级由低到高划分为 4 个级别,不同风险等级及响应措施建议如下:

Ⅳ级,一般风险:降水强度 1.0～3.0 毫米/小时;雷电持续时间小于 30 分钟;风力 5 级。

响应措施:仪式和演出按照计划正常进行,但需准备、适时发放雨具;做好观众进出场的引导服务和交通组织工作。大风对空中作业有一定影响,加强防护。

Ⅲ级,较大风险:降水强度 3.0～7.0 毫米,持续时间小于 1 小时;雷电持续时间(30 分钟至 1 小时);风力 6 级,持续时间大于 1 小时。

响应措施:演出和仪式可进行,但建议取消高难危险性演出项目,做好灯光音响等电器的防护及舞台防滑措施,加强观众进出场的引导服务和交通疏导。

Ⅱ级,重大风险:降水强度 7.0～15.0 毫米/小时;强雷电;风力 7 级;持续时间均大于 1 小时,但有逐渐转好的趋势。气象条件将对开幕式产生重大影响。

响应措施:建议推迟开幕式时间,或取消开幕式部分演出和仪式内容,停止空中道具使用,保留重要礼宾仪式程序,加强观众进出场的引导服务和交通疏导。

Ⅰ级,特别重大风险:降水强度＞15.0 毫米/小时;风力 8 级以上;持续时间均大于 1 小时,且无减弱迹象。气象条件将对开幕式产生特别重大影响。

响应措施:建议取消有较大风险的演出,保留重要礼宾仪式程序;加强现场人员疏导,做好观众进、离场的引导服务、交通组织和安全稳定工作。

第六篇

防灾减灾体系建设及其他

深圳短时强降水事件的防汛思考

张长安　龚振彬　洪伟　白龙　杨林

（福建省气象局　2019 年 4 月 14 日）

摘要：2019 年 4 月 11 日深圳出现极端强对流天气，导致人员遭遇洪水淹溺死亡或失联事件。通过对深圳降雨事件进行剖析，对福建省短时强降水防范的主要举措和存在的问题进行分析和思考，提出了进一步提升短临预报预警技术水平、建立重大灾害社会应急联动机制、充分发挥各级预警信息发布中心作用以及完善重大气象灾害预警信号全网发布绿色通道机制等建议。

一、深圳短时强降水事件

4 月 11 日晚，受冷暖气流交汇影响，深圳市出现冰雹、雷雨大风和短时强降水等强对流天气，导致深圳全市多个区域突发洪水，福田区和罗湖区的多处暗渠暗涵出现人员遭遇洪水淹溺死亡或失联。

此次强降水主要集中在福田、罗湖、宝安和光明等区，过程全市的平均雨量 40.6 毫米，各区中平均雨量最大为罗湖区 65.0 毫米，其中单点 1 小时最大雨量 80.6 毫米，短时降水极端性很强，一半以上的降雨都集中在短短的十几分钟内。深圳水务局接到气象预警后，于当日 20 时 30 分转发了黄色暴雨预警信号，21 时 28 分要求施工单位对施工围堰进行相关处理。但施工单位对降雨存侥幸心理，麻痹大意，施工人员未马上撤离。因极端短时强降水，积雨面积大、事发处汇水空间狭小，雨水汇集迅速瞬间水位暴涨，导致施工人员被冲走。

这次深圳事件再次表明，灾害无时不在，不管是在山区，还是在城市，如果疏于防范，都有可能导致灾难发生。

二、福建省短时强降水气候概况

短时强降水是福建省最为常见的强对流天气之一，常引起山洪、泥石流和城市内涝等次生灾害，对人民生命财产安全造成严重威胁。根据全省 70 个国家级气象站统计，1 小时雨量最大值为 168.1 毫米，出现在福州长乐。福建省各设区市的城区 1 小时极值雨强前三名分别是福州市 119.9 毫米、宁德市 99.7 毫米、龙岩市 95.5 毫米；3 小时极值雨强前三名分别是莆田市 194.0 毫米、龙岩市 185.3 毫米、福州市 185.0 毫米。近年来随着区域加密自动气象站数量增多，降水极值也是屡创新高，例如：2018 年 5 月 7 日，厦门 1 小时最大降水量 107.5 毫米，3 小时最大降水量达到 274.0 毫米。

三、福建省气象部门应对防范强降水风险的举措

汛期气象服务工作是气象工作的重中之重,福建省各级气象部门高度重视,按照"一年四季不放松、每个过程不放过"的要求,全力做好气象防灾减灾救灾保障服务,特别是重点做好短历时强降水的预报预警服务工作。

(1)建立了上下联防的预警联防机制。福建省各级气象业务人员全年 24 小时严密监测天气变化,每日参加中央、省、市、县四级天气会商。汛期期间,省气象台制作《福建省强天气潜势预报》,对全省 0～12 小时可能发生强降水、雷雨大风、冰雹等强天气的区域作出预测和技术指导,所在区域的市、县气象台重点关注本地天气变化,形成上下联防的监测预警机制。

(2)建立了短时临近预警服务系统。研发的"福建省短时临近预警服务系统",通过建立预警指标库,对区域自动气象站、天气雷达等监测数据进行自动监测,值班人员实时掌握灾害性天气实况并作出预警。运用智能网格预报业务成果,推进短临到短中期无缝隙业务流程智能化,实现强天气的实时监测及精细到乡镇的预警产品快速制作和发布。

(3)落实好"一把手"信息直报制度。与福建省防汛办联合制定《短时强天气报告》发布标准。重点关注 2 小时内出现 1 小时≥50 毫米以上的强降水,将预警信息报告给各级党政领导、防汛抗旱指挥部成员单位及气象信息员。如遇 3 小时累计降水可达 100 毫米以上,或已达 100 毫米以上且降雨可能持续的情况,气象部门发布暴雨红色预警信号,并通过三大运营商,把预警短信"全网"发布至受影响市级区域民众的手机上。

(4)共建共享共用基层防灾资源。目前,福建省已建 1118 个覆盖所有乡镇的气象信息服务站、3700 多面 LED 气象信息显示屏等专用农村气象信息接收渠道;与国土、环保等部门共同建立国土规划环保协管员(气象信息员)队伍,气象信息员队伍达 2.6 万人,已覆盖所有行政村,基本形成农村气象防灾减灾救灾预警信息接收网。每年开展防汛责任人和气象信息员培训,逐步形成畅通的点对点预警服务和信息沟通机制。

四、存在问题和建议

(1)短临预报预警技术水平有待提升。目前福建省虽已针对短历时强降水建立了关注区、警戒区和责任区的"三区"防御机制,对移动性强降雨系统起到较好的监控预警作用,但对于强降水云团生成和消亡的预报能力仍然不足,本辖区独立发展的强降水提前预警能力还比较有限。通过新一轮的省部合作,省气象局已经着手从精细监测、精准预报、精确预警、精心服务等方面加强气象现代化提升项目建设,在短时强降雨的监控预警方面开展有针对性的研究和系统建设。

(2)重大灾害社会应急联动机制亟待建立。目前,各级政府及各部门之间的应急联动机制日趋完善,但社会应急联动机制还未形成完整体系。尽管各级政府及有关部门已采取了一些很有意义的举措,但是许多企业、社会组织及广大公众面对重大气象灾害预警信号主动采取应急避险的意识和能力明显不足。建议参照福州市《全市中小学台风、暴雨灾害防御指引》建立的以重大气象灾害预警信号为先导的自动停课机制,让社会的方方面面能形成防灾

避灾的主动和自觉,让气象灾害预警信号真正发挥其防灾避险的预警和先导作用。

(3)预警信息发布中心的作用有待充分发挥。目前部分县突发事件预警信息发布中心的机构和职能尚不完善。省、市、县一体化预警信息发布平台虽已建成,但预警信息发布的渠道仍需拓展,传播面需要进一步扩大。需要充分利用社会力量、共享社会资源参与预警信息传播,充分发挥预警信息发布中心的预警职能。

(4)气象灾害预警信号全网发布绿色通道机制有待完善。目前气象灾害预警信号全网发布的短信还存在明显的滞后性,重大气象灾害特别是短历时强降水发生快、危害大,需要建立一整套快速响应机制。预警信号发得出、传得快、收得到是快速响应机制中重要的一环。建议协调相关部门提高全网发布效率。建立微信、微博等新媒体全网发布机制,作为手机短信全网发布的有力补充,提高预警信息传播及时率,扩大预警信息覆盖面。

雄安新区气候相对适宜，未来建设中充分考虑气候风险

于长文　张金龙　车少静　高旭旭

（河北省气候中心　2019 年 1 月 2 日）

摘要：雄安新区的设立是千年大计、国家大事，从当地自然气候禀赋以及气候变化方面考量，新区建设需充分考虑气候风险。研究结果显示：雄安新区气候相对适宜，洪涝、干旱和高温等气象灾害损失相对较轻，植被改善成效明显，生态环境质量持续向好；新区曾发生过严重水患，也面临水资源量严重不足、供需矛盾突出的问题；新区风速小、大气自净能力弱，设立通风廊道是增加城市内部空气流通的有效措施；预计未来雄安新区气候将持续变暖，降水变化的阶段性特征明显，高温和强降水风险加大；新区气候变暖将总体有利于植被生长，但区域水资源增幅有限，水安全风险仍是新区可持续发展的重要制约因素。为此建议：一是加大防洪排水设施建设，防御未来新区面临的洪涝风险；二是加强引水工程综合研究，规划建设雨洪利用工程，合理利用雨洪资源；三是提高新区干旱和洪涝监测预警能力，强化空中云水资源合理开发利用；四是建立立体气象监测体系，落实通风廊道构建方案，优化新区城市建设布局。

一、雄安新区气候相对适宜，生态环境质量持续向好

自然环境和区位优势明显，气候相对适宜。新区属于东亚温带季风气候，年平均气温12.6℃，受白洋淀水体的调节作用，气温年际变率低于北京、天津，增温速率为 10 年升高0.17℃，是我国气候变暖较慢的地区；年降水量 481 毫米，且以每 10 年 9.2 毫米的速率减少。受季风强弱变化影响，新区年降水量存在明显的年代际变化，其中 20 世纪 60 年代平均降水量最多，为 538 毫米，21 世纪前 10 年最少，为 460 毫米，2011 年以后降水量为 519 毫米，比常年偏多 8%。年均人体气候舒适日数 127 天，是京津冀相对较多的地区。

气象灾害主要有洪涝、干旱和高温，气象灾害损失总体较轻。1961 年以来，新区强降水日数和强降水日雨量趋于减少，年干旱日数总体减少，高温日数没有明显变化。近 20 年，平均每年因气象灾害造成的直接经济损失低于全国县级平均水平。

生态环境总体优良，近年植被改善成效明显。白洋淀作为华北地区最大的湿地，承载维持区域生态平衡以及泄洪蓄洪的重要功能。2001 年以来，淀区水体面积平均每年增加4.1 平方千米，2017 年总水体面积达 162 平方千米，调水工程一定程度上缓解了白洋淀水资源紧张局面。21 世纪以来新区植被生长状况明显改善，植被指数每 10 年增加 0.021。

二、雄安新区发生过严重水患，但又面临水资源短缺问题

地势相对低洼，易受大清河洪水侵袭。雄安新区历史上曾出现过暴雨、干旱和高温的极端情况，对经济社会和人民生命财产安全造成严重影响，也暴露出新区抵御灾害风险的能力较弱。海河作为华北地区最大的水系，其流域洪水具有洪峰高、峰型陡、洪量集中，以及突发性强、年际变化大、预见期短等特点。新区位于大清河流域白洋淀周边，地势相对低洼，一旦发生暴雨，极易形成洪涝。

历史洪涝灾害重，影响大。新中国成立以来，新区发生过两次大洪水。1956 年 7 月 29日至 8 月 6 日，海河流域连续出现大暴雨，大清河、子牙河、永定河等堤防多处决口，白洋淀周边县城大部分被淹。1963 年 8 月上旬，海河流域出现特大洪水，邢台内丘獐么过程降水量达 2050 毫米，暴雨强度之大、受灾面积之广、影响程度之重为百年罕见，白洋淀及附近地区遭受近 2 个月大面积洪涝灾害。气候模拟结果显示，当出现百年一遇暴雨时，新区将有 960余平方千米面积内涝水在 20 厘米以上。

年降水量减少导致大清河流域山区天然径流量急剧减少。1961—2016 年大清河流域总径流量平均每 10 年减少约 1.3 亿立方米，而同期由于人口和经济增长导致用水增加，加之上游地区增建水库，加剧了水资源供需矛盾，干旱年份水资源短缺更加突出。1975 年河北全省发生春夏连旱，保定等地伏旱尤其严重，新区所在地干旱日数达 190 天，干旱少雨导致地下水位急剧下降，严重影响当地农业生产。

三、雄安新区风速小、大气自净能力弱，设立通风廊道是增加城市内部空气流通的有效措施

雄安新区地处太行山的背风区，主导风向为西南—东北向，年平均风速 1.63 米/秒，年小风（<1.0 米/秒）频率高达 28%，年平均大气通风量和大气自净能力均低于北京、天津和石家庄；基于对新区主导风、通风潜力、城市热岛等研究成果，结合新区北城—中苑—南淀的总体规划格局，提出在新区范围内构建 6 条一级通风廊道，改善新区整体通风环境，防止未来新区范围内热岛连片发展；针对城市区域构建 17 条二级通风廊道，增加城市内部空气流通，促进城淀之间气流微循环，缓解城市内部热岛效应。

四、未来雄安新区气候将持续变暖，降水变化的阶段性特征明显，高温和强降水风险加大

气温持续升高，降水没有趋势性变化，但阶段性特征明显。气候模式模拟显示，到 2035年前后，新区年均气温将升高约 1℃，夏季升温幅度略大；未来随着新区大规模城市建设，城市热岛效应将逐步增强，增幅为 0.5℃；未来受雨带北移影响，年降水量将增加 7.4%，其中夏季增加 5.5%，秋季增加 20.8%，春季减少 0.6%，冬季减少 10.2%；夏季西北部太行山降水将增加，有利于河流径流补给，能在一定程度上缓解水资源短期不足的问题。

预计 21 世纪新区极端高温事件增加，极端低温事件减少，极端强降水事件增加。预计到 21 世纪末，极端高温事件增加 9%，极端低温事件减少 8%；大雨日数和极端强降水量分

别增加 14.5% 和 34.1%, 暴雨危险性增加, 但低于北京平原地区和天津。相对于整个京津冀地区, 新区的内涝风险较高, 暴雨发生时, 洪水来势猛, 预见期短, 城市内涝风险会更加严重, 对排水能力建设提出更高要求。在新区防洪工程尚未建成的情况下, 安全度汛压力较大。

五、未来雄安新区气候变暖将总体有利于植被生长, 但区域水资源增幅有限

气候变化总体有利于植被生长。到 2035 年前后, 新区及周边地区的植被生产力增幅在 20% 左右, 比京津冀其他地区高 14%~16%, 有利于区域内生态系统功能的提升。

水资源增幅有限, 或将成为新区可持续发展的重要制约因素。到 2035 年前后, 新区地表水资源量总体将增加 11% 左右。预计天然径流量增加将以秋季为主, 增幅为 80%, 而春季天然径流量将减少约 5%。春季天然径流量减少将加重季节性干旱, 影响区域内农作物生长。未来新区森林覆盖率将由现在的 11% 提高到 40%, 白洋淀恢复到 360 平方千米, 蓄水量达 4 亿立方米, 将导致生态用水量增加。水资源短缺仍将是新区可持续发展的制约因素。

六、下步计划

一是开展不同设计方案的通风廊道效果评估。对新区规划方案和城市设计方案产生的风环境与热环境进行评估, 从提升局地微气候角度, 模拟不同设计方案的通风效果, 支撑新区规划和城市设计方案优化调整。

二是开展雄安新区空气污染传输影响研究。对雄安新区颗粒物来源进行数值模拟和量化, 揭示不同气象条件下周边区域对雄安新区的污染传输贡献, 为区域间大气污染协同治理提供决策依据。

七、几点建议

一是加大防洪排水设施建设, 防御未来新区面临的洪涝风险。新区位于大清河流域, 白洋淀周边地处多条河流流域下游, 地势相对低洼, 易受大清河洪水侵袭。未来随着极端降水频率的加大、强度增强, 城市内涝风险加大, 流域防洪形势严峻。建议立足新区未来发展需求, 完善防洪排水工程体系, 强化应急预案、监测预报预警、风险防控等非工程措施, 提升城市防洪排涝能力。

二是加强引水工程综合研究, 规划建设雨洪利用工程, 合理利用雨洪资源。当前和未来一段时期, 新区生态、生产和生活用水以及地下水回补, 主要依赖于引黄和引江工程调水量, 大清河流域地表水存蓄水库作为调水量不足时的应急备用水源。加强对引江工程、引黄工程及白洋淀修复工程的综合研究, 特别是气候变化对调水区及海河流域水循环和水资源的综合影响分析研究, 将有利于支撑跨流域水资源管理、水库调蓄方案等规划的制定。同时, 鉴于新区建设和发展面临的水资源供需矛盾大、防洪排涝等水安全风险高等问题, 可规划和建设雨洪利用工程, 在确保防洪和排涝安全的前提下, 合理高效利用雨洪资源。

　　三是提高新区干旱和洪涝监测预警能力,强化空中云水资源合理开发利用。新区气候年际波动大,降水时空分布不均,易旱易涝,建议未来继续加强雄安新区暴雨、洪水、干旱灾害的变化规律研究,提高干旱和洪涝监测预警能力。此外,人工影响天气是大面积抗旱最有效、最经济的手段,据统计,华北地区空中云水资源转化率每增加1%,每年即可增加降水资源量190亿立方米。因此,建议加强人工影响天气能力建设,最大限度开发利用空中云水资源,提升农业和生态用水效益。

　　四是建立立体气象监测体系,落实通风廊道构建方案,优化新区城市建设布局。建立覆盖雄安新区远期控制区的生态气象立体监测体系和覆盖起步区的城市微气候智慧监测系统,实施城市气象环境影响动态智能评估,并将相关成果纳入雄安新区数字规划平台,助力绿色智慧新区建设;基于通风廊道构建方案,结合新区控制性详细规划,划定不同层级的城市通风廊道,利用通风廊道构成的生态空间,优化城市空间结构布局;实施通风环境营造系统工程,打造"会呼吸的雄安新区",为国内外城市树立"通风样板"。

百色市 21 世纪以来城市气候承载力的评价及启示

何洁琳　　李妍君　　陆虹　秦川

（广西壮族自治区气候中心　2019 年 11 月 15 日）

摘要：广西百色市是国家气候适应型城市建设首批试点之一。21 世纪以来，百色市的气候承载力整体呈现一种波动上升的状态，反映百色的城市建设与气候之间的协调力增强。气候承载力对气候自然影响因子较为敏感，极端干旱气候事件是百色城市气候系统稳定性的主要威胁因子。人为影响因子对气候承载力同时存在正面和负面影响：一方面，气候变化对城市社会经济发展的限制作用越来越明显；另一方面，城市协调发展能力也逐年上升。在今后百色市的管理和发展规划中，应从提高防御自然灾害能力和城市协调发展能力、降低城市气候压力着手，多管齐下，打造可持续发展的城市气候生态系统。

气候承载力是指在一定的时间和空间范围内，气候资源对社会经济某一领域（如农业、水资源、生态系统、人口、社会经济规模等）乃至整个区域社会经济可持续发展的支撑能力。城市化发展进程中气候资源的支撑能力即城市气候承载力。百色市是国家气候适应型城市建设首批试点之一，在城市发展进程中如何防范气候风险，维护生态环境，适应和减缓气候变化，可从城市气候承载力的定量分析中得到一些启示，为科学规划城市发展、建设生态和谐城市提供科学依据。

一、21 世纪以来百色市城市气候承载力的定量评价

城市气候承载力定量评价体系主要由气候自然影响和人为影响评价两个方面组成，包括气候天然容量、极端气候事件、城市气候压力和城市协调发展能力 4 个准则层。利用 2000—2017 年《广西统计年鉴》的社会经济发展数据和百色国家气象观测站 2000—2017 年的逐日气象观测资料以及 1981—2010 年的气候整编资料，建立定量评价指标，评价百色市 2000—2017 年的气候承载力变化。评价结果分析如下：

（一）气候天然容量总体保持平稳，但年际波动明显

气候天然容量是客观评价某地区气候自然状况的指标，其值变化范围越小，反映气候的自然波动越小，即气候状态越稳定，反之则气候状态不稳定。2000—2017 年百色市的气候天然容量整体呈现年际变化的状态，2015 年出现最高值，2007 年出现最低值，大部分年的值都小于 1，表明百色市的气候天然容量处于一个较稳定状态。从线性趋势看，2000—2017 年气候天然容量缓慢上升，但不显著（图 6-1）。这表明，在气候变暖背景下，随着降水、气温等气候要素的异常变化极易造成气候天然容量波动，气候脆弱性较大，气候风险在缓慢增长。

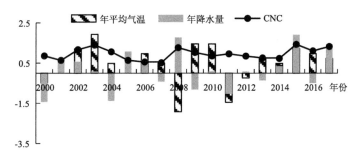

图 6-1　2000—2017 年百色市气候天然容量(CNC)、年平均气温和年降水量标准化值

(二)极端气候事件压力年际变化剧烈

极端气候事件压力是客观评价该年的主要极端气候事件(暴雨、高温、干旱)对气候产生的负面影响,是一个自然因子。其值越小,则年气候极端事件发生次数越少、影响程度越轻,对气候承载力造成的压力越小。2000—2017 年,百色市极端气候事件压力的年际波动剧烈,其变化趋势与重旱以上和高温日数的变化基本一致,因此,干旱是影响的关键气候事件要素;暴雨事件的强度极强时,同样也会造成强烈波动,如 2015 年极端气候事件压力高值年主要贡献率来自暴雨日数的异常偏多(图 6-2)。

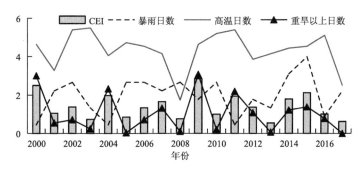

图 6-2　2000—2017 年百色市极端气候事件压力(CEI)和暴雨、
高温及重旱以上日数的标准化值

(三)城市气候压力随着城市扩展和经济的发展迅速增大

城市气候压力由 13 项城市社会经济发展指标构成(表略),客观综合评价了城市的建设发展、人口增长、能源消耗等活动对气候产生的负面影响,属于人为影响因子。其值越小,表明城市的气候压力越小。2000—2017 年,百色城市气候压力值呈现显著上升的变化趋势,在 2000—2012 年之间该值维持在 1.0 以下的缓慢增长,2013 年开始大幅增长,在 2017 年达到峰值,是 2000 年的 9.6 倍(图 6-3)。分析指标的变化可知,2013 年的增长主要是由于工业总产值和人均住房面积的增长造成;2013—2017 年的持续大幅增长则由于叠加了民用车辆拥有量的迅速增长。一方面,百色市 21 世纪以来人均 GDP、工业总产值、城市建设用地面积等指标的逐年增长,反映了高速的城市发展、社会经济繁荣、人民生活水平提高,但这也给城市气候系统带来了巨大的压力。

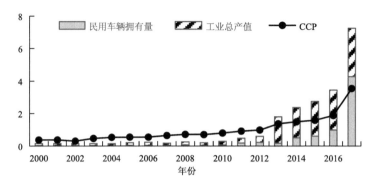

图 6-3   2000—2017 年百色市城市气候压力（CCP）、民用车辆拥有
量及工业总产值标准化值逐年变化

（四）城市协调发展能力逐年增强

城市协调发展能力评价指数是客观评价人类社会在保护和改善自然生态环境、应对气候变化方面的能力，对气候影响而言是个正面影响的人为活动因子，该值越大，则该地区的协调发展能力越强，城市气候承载力越大。一个合理发展的城市，其经济水平的提高和应对气候变化能力的加强应该是相辅相成的。百色市的城市协调发展能力值在 2010 年开始出现大幅增长，2017 年达到最高峰值（图 6-4）。以 2000 年为基准年，百色的城市协调发展能力在 18 年间增长了 23 倍。其中，影响较大的因素是环保投资、科技经费支出，曲线的变化与环境保护投资及科技经费支出的变化基本吻合。因此，城市发展协调能力受人类社会管理政策的影响巨大，近 10 年来百色市政府在科技和环保的大力投资取得了显著成效。

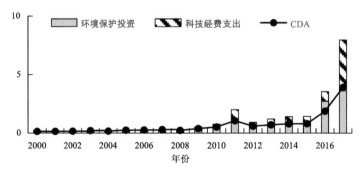

图 6-4   2000—2017 年百色市城市协调发展能力（CDA）、环境保护
投资及科技经费支出标准化值

（五）气候承载力稳步增强，但受气候异常年景影响大

气候承载力指标与城市协调发展能力成正比，与天然气候容量、极端气候事件压力和城市气候压力成反比；气候承载力值越大，说明该地区气候承载力越大，应对气候变化能力越强。2000—2017 年，百色市气候承载力整体呈现一种波动上升的状态，其线性上升趋势通过显著性检验（图 6-5）。相较于 2000 年而言，2017 年百色的城市气候承载力有了近 7 倍的提升，但波动起伏较大，起伏原因与天然气候容量指数和极端气候事件指数的波动有较大的

关系,2017 年出现最大值缘于极端气候事件压力小,且城市协调发展能力值高;反之,2004年和 2015 年等低值年对应着极端气候事件压力大值或气候天然容量大值的气候异常年。

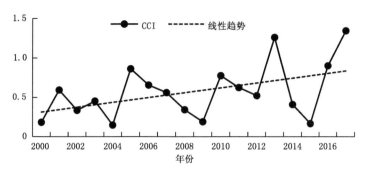

图 6-5   2000—2017 年百色市气候承载力(CCI)逐年变化

二、对百色市城市可持续发展的启示

(一)气候变化增加了对百色城市发展的风险

2000—2017 年,百色市的气候天然容量呈现一种平稳的波动状态,说明百色市的气候系统仍较稳定,但具有一定的脆弱性;极端气候事件压力的年际波动较大,也造成气候承载力的波动,说明干旱、高温、暴雨等极端天气气候事件频率高对于百色市气候系统的稳定性是较大的威胁。在气候变暖背景下,极端天气气候事件频率增加,强度增强,给百色城市气候承载力带来潜在风险。

(二)城市协调发展能力增强有效缓解城市气候压力

2000—2017 年百色市的城市气候压力逐年增长,且增长的速率逐年增大,说明气候变化对城市社会经济发展的限制作用越来越明显;然而,随着经济发展、科学管理意识的调高,百色市的城市协调发展能力也逐年上升,且增长速率有超过城市气候压力的趋势,说明百色市可持续发展的政策取得了较好的成效,可缓解城市气候压力。

(三)百色市的城市气候承载力总体在增强

21 世纪以来,百色市的城市气候承载力整体呈现一种波动上升的状态,反映百色天然气候总体保持平稳,城市建设与气候之间的协调力增强,城市建设发展仍有较大的气候承载空间。

(四)气候承载力对气候自然影响因子较为敏感,应加强应对措施

气候承载力对气候自然波动及极端气候事件的频率和强度敏感性较大,极端干旱天气是百色市城市气候系统稳定性的主要威胁因子,而暴雨的影响也不容忽视。因此,加强对暴雨和干旱天气的监测和预测、预警,加强和完善应对极端天气的各种措施,是减小气候风险和应对气候变化的有力手段。

(五)加强城市应对气候变化能力建设的科学管理和规划

百色市的城市经济建设迅速发展对于气候承载力是一柄双刃剑:一方面,发展带来的负

面影响使得气候压力大幅增加;另一方面,经济增长也使城市应对恶劣气候的能力增强。改变产业结构,降低工业污染,转变粗放的经济增长方式和完善发展公共交通,提倡绿色出行、环保节能是百色市目前发展的主要需求和方向。在今后城市的管理和发展规划中,可从提高城市防御自然灾害能力和协调发展能力、降低城市气候压力等方面着手,提高城市气候承载力和应对气候变化能力,多管齐下,打造可持续发展的城市气候生态系统。

黄河流域河南受水区气候变化事实及应对

刘雅星　王纪军　李凤秀　左璇　王记芳　王振亚
（河南省气候中心　2019 年 12 月 10 日）

　　摘要：1961 年以来，黄河流域河南受水区气候总体趋暖趋干。年平均气温每 10 年升高 0.20℃，低于全国升温速率；年平均最低气温每 10 年升高 0.36℃，高于全国水平；高温日数 20 世纪 80 年代中期后显著增加，每 10 年增加 3.3 天。降水量呈弱减少趋势；而降水日数则显著减少；表明降水强度趋于增强。年相对湿度、日照时数和蒸发量均显著减少，每 10 年各自减少 0.3％、101.3 小时和 88.4 毫米。

　　RCP45 和 RCP85 情景下，2021—2070 年年平均气温均具有显著的线性升高趋势；年降水量均呈现弱增加趋势；年平均相对湿度 RCP45 情景下呈弱增大、RCP85 情景下呈弱减小趋势；两种情景下年平均风速没有明显的线性趋势。

　　河南省气象局专家分析认为，黄河流域河南受水区未来仍面临生态风险增加、极端旱涝增加致使防汛抗旱形势严峻、短时强降水导致山洪地质灾害风险增大，以及水土流失治理难度增加等问题。建议完善立体观测系统建设，增强监测预警能力；增强气候变化科学认知，提升气象预报水平；重视农业生态环境保护，调整农业种植模式；提升人工影响天气能力，合理开发云水资源；提升灾害风险管理能力，服务城市安全运行。

一、黄河流域河南受水区总体趋暖趋干

　　气温显著上升，高温增多。1961 年以来，黄河流域河南受水区年平均气温呈显著上升趋势（图 6-6），每 10 年升温 0.20℃，低于全国（0.24℃/10 年），更低于黄河流域（0.31℃/10 年）；1984 年之前变化平稳，1984 年之后升温明显，每 10 年升幅达 0.44℃。豫北西部、豫中大部和豫东南升温幅度较大，每 10 年升高 0.20℃，周口最大（0.39℃/10 年）；其他地区平均

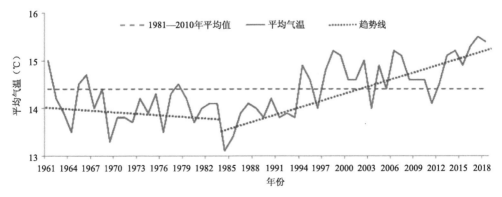

图 6-6　黄河流域河南受水区年平均气温年际变化（1961—2018 年）

每 10 年升温在 0.20℃ 以下。

降水量和降水日数均减少。黄河流域河南受水区降水量呈弱减少趋势,平均每 10 年减少 34.2 毫米,近 10 年年降水量略低于或稍高于常年值。黄河流域河南受水区降水量年际变率大,年平均值为 648.7 毫米,最多年降水量 989.3 毫米(2008 年),最少年仅 442.9 毫米(1997 年)。受水区降水日数显著减少(图 6-7),平均每 10 年减少 0.16 天。

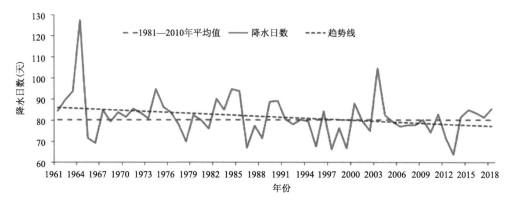

图 6-7　黄河流域河南受水区年均降水日数年际变化 (1961—2018 年)

相对湿度减小,干旱日数变化空间不一。黄河流域河南受水区年平均相对湿度为 68%,具有显著的下降趋势,平均每 10 年减小 0.3%;2007 年以来年平均相对湿度均低于常年值。年干旱日数年际变化较大,最多年 134.7 天(1968 年),最少年 5.4 天(2003 年)。三门峡、洛阳、许昌、周口大部干旱日数增加,洛阳局部每 10 年增加 4 天以上;其余地区干旱日数减少,安阳、濮阳、鹤壁、商丘等地局部每 10 年减少 4 天以上。

日照时数呈减少趋势,蒸发量减少。黄河流域河南受水区年日照时数显著减少,平均每 10 年减少 101.3 小时,大部地区每 10 年减少 50 小时以上,安阳、开封、商丘、周口局部每 10 年减少超过 150 小时。年蒸发量明显减少,每 10 年减少 88.4 毫米,除鹤壁局部略有增加外,其余地区均呈减少趋势,其中新乡、开封、商丘、周口局部每 10 年减少超过 200 毫米。

二、黄河流域河南受水区未来趋势预估

RCP45 和 RCP85 情景下,2021—2070 年全省平均气温均具有显著的升温趋势,升温速率分别为每 10 年增加 0.188℃ 和 0.43℃。降水量总体均呈弱增多趋势,增多速率分别为每 10 年增多 6.4 毫米和 7.2 毫米。相对湿度在 RCP45 情景下总体呈弱增大趋势,增大速率为每 10 年增加 0.1%;RCP85 情景下总体呈弱减小趋势,减小速率为每 10 年减小 0.3%。平均风速均无明显线性变化趋势。

三、对策与建议

综合分析黄河流域河南受水区气候变化的观测事实,未来气候安全形势仍然不容乐观。河南省气候专家建议:

一是完善立体观测系统建设,增强监测预警能力。河南气候四季分明、雨热同期、复杂多样和气象灾害发生频繁。1961年以来,河南气候整体存在暖干化趋势。应加强气候变化立体监测,增进气候规律和气候变化归因研究,全面评估河南省暖干背景下4个不同流域生态环境对气候变化的响应,科学应对气候变化、减轻气候变化的负面影响,提升河南省应对气候变化的能力。

二是增强气候变化科学认知,提升气象预报水平。充分认识应对气候变化战略的重要性和必要性,将适应气候变化规划纳入当地经济和社会发展总体规划中。从保护和可持续发展的双重角度出发,加强对气候变化的科学事实、监测归因、不确定性以及气候变化对各行业的影响评估等研究,勾画产业发展总体定位、发展格局和发展目标。加强河南省干旱、洪涝变化规律分析,提高旱涝预报预测预警和灾害风险管理水平,充分发挥气候服务在推动生态保护和高质量发展过程中的作用。

三是重视农业生态环境保护,调整农业种植模式。河南省是全国农产品的主产区,是全国农业大省和粮食转化加工大省。应立足气候特征和气候资源禀赋,针对水资源管理、调度、规划以及生态修复与环境保护工程建设等,重视开展气候可行性论证,加快气象灾害风险管理的制度化进程;加强气候生态产品开发能力建设,建立气象条件对河南省生态环境状况的贡献率和影响指标,并开展监测评估等,将其作为河南省生态保护和高质量发展的重要建设内容。

四是提升人工影响天气能力,合理开发云水资源。河南省属于全国水资源短缺的省份之一,近5年酸雨的出现频率在平稳减少、酸性在逐年增大,大气自洁能力还低于常年值水平,大气污染治理工作仍任重道远。建议提升人工影响天气作业能力,合理开发空中云水资源,提高河南省水资源拥有量,缓解水资源短缺的困境;改善空气质量,在重污染且有降水形成条件下消减雾霾、清洁空气。

五是提升灾害风险管理能力,服务城市安全运行。着眼城市特征及优势,强化极端天气气候事件对城市生命线影响的评估;按照人口、资源、环境相协调的要求,充分考虑大气环境容量的承载能力及其变化特征,科学谋划城市发展;开展流域城市气候承载力现状评估及极端天气气候事件对人体健康、能源调度等的影响评估。加强气候可行性论证工作,强化针对城乡规划、重大工程建设和城市绿色通风廊道规划等方面的决策咨询服务。

雅鲁藏布江曲水至泽当段（北岸）
沙化成因分析及对策建议

边多[1]　杜军[2]　毛时成[3]　卓玛[1]　马鹏飞[1]　普布次仁[2]　格桑[2]

次旺顿珠[2]　张伟华[2]　拉巴[2]　扎西欧珠[2]　张庆连[3]

（1. 西藏自治区气候中心；2. 西藏高原大气环境科学研究所；3. 西藏山南市气象局
2019 年 5 月 29 日）

摘要：西藏雅鲁藏布江曲水至泽当段（北岸）河谷地冬春季节的沙尘天气是高原河谷特殊的地理环境和气象条件所导致的自然现象。该区域风沙源主要来自本地雅江河谷冬春枯水季节形成的含有大量沙物质的江心洲和河心滩以及拉萨河下游曲水段跨过山顶的与雅江河谷相连的风沙化土地。近 20 年研究区沙化土地面积减少了 20.47 平方千米，减少率为 7.51％。气温升高是造成风沙化土地进一步发生发展的主要动力，而平均风速下降和降水量增长是抑制其发生发展的主要原因。建议在雅江两岸开展大规模的植树造林（含灌木在内的乡土树种），改善环境条件，减少沙源。在输沙方向科学有序地开展防沙治沙工作，通过人工治理（蓄水调节环境湿度、种植植被）减少风沙化土地面积。

西藏雅鲁藏布江（简称雅江）曲水至泽当段（北岸）河谷地冬春季节的沙尘天气是高原河谷特殊的地理环境和气象条件所导致的自然现象。该区域风沙源主要来自本地雅江河谷冬春枯水季节形成的含有大量沙物质的江心洲和河心滩以及拉萨河下游曲水段跨过山顶的与雅江河谷相连的风沙化土地。不论山坡还是河谷地区的阶地、河床或是农田、荒地、沙地等都存在着大量的第四纪松散沉积物、沙物质。沙源物质的粒径以细沙、极细沙、黏粒为主，易蚀性颗粒含量较多，在一定风力作用下容易风蚀起沙。雅江干季为枯水期，水量较少，江中河漫滩一般为干燥的沙土覆盖，成为浮尘、风沙的发源地。

近 20 年研究区沙化土地面积减少了 20.47 平方千米，减少率为 7.51％。气温升高是造成风沙化土地进一步发生发展的主要动力，而平均风速下降和降水量增长是抑制其发生发展的主要原因。人工林面积的大幅度增加，减缓了河床沙源向河岸及山坡的搬运，风沙化土地面积减少。计算表明：扎囊、桑耶输沙能力强，曲水、贡嘎、泽当输沙能力低；输沙方向为自西向东，是风沙侵蚀的主要方向和沙害防御的重点区域。

一、研究区域风沙化土地概况

研究区位于雅鲁藏布江中游宽阔的河谷地带，即拉萨市曲水县至山南市泽当镇雅江北岸。从高分影像中可以看出，该区域雅江河谷东宽西窄，呈葫芦形，辫状或乱流状水系极为发育。

研究区风沙化土地为风积类型沙地和风蚀类型沙地,不论山坡还是河谷地区的阶地、河床或是农田、荒地、沙地等都存在着大量的第四纪松散沉积物、沙物质。根据高分 1 号卫星遥感数据计算得到(表 6-1),2016 年该地段风沙化土地类型总面积为 261.2 平方千米,其中农田、河流、固定沙地和半流动沙地面积最大,分别为 121.7 平方千米、103.6 平方千米、91平方千米和 68.9 平方千米。

表 6-1　2016 年风沙化土地类型面积

沙地类型	面积(平方千米)	占总面积百分比(%)
农田	121.7	23.45
河流	103.6	19.97
固定沙地	91	17.54
半流动沙地	68.9	13.28
半裸露砂砾地	48.1	9.28
村落	29.9	5.77
裸露砂砾地	26	5
灌丛砂砾地	22.4	4.31
流动沙地	4.9	0.94
机场	2.4	0.46

利用 2003 年、2016 年和 2019 年遥感影像图,分析了研究区风沙化土地演变情况,结果表明风沙化土地面积呈逐渐减少趋势,2003 年风沙化土地面积为 272.64 平方千米,2019 年风沙化土地面积为 252.17 平方千米,减少了 20.47 平方千米,减少率为 7.51%(表 6-2)。

表 6-2　各类型风沙化土地的动态变化

年份	沙尘面积(平方千米)
2003	272.64
2016	261.20
2019	252.17

二、研究区沙尘分析

(一)起沙风速风向

研究表明,风速达 6.0 米/秒为起沙风速。分析该地段冬、春两季起沙风速发现,贡嘎起沙风主导风向为西北偏西风;泽当起沙主导风向为西风,次风向为南风;桑耶主导风向为西南风,次风向为东北偏北风;曲水主导风向为西风、西南风,次风向为北风和西北风。

(二)输沙势和输沙方向

输沙势是衡量区域风沙活动强度及风沙地貌演变的重要指标,而输沙方向是风沙侵蚀的主要方向和沙害防御的重点区域。通过对泽当等 5 站的输沙势进行计算,扎囊、桑耶风环境为高能,表明输沙能力强;而曲水、贡嘎、泽当为低能,输沙能力较弱。贡嘎方向变率为大比率,风向变化大;其余 4 站为中比率,说明风向变化相对较小。曲水、贡嘎输沙方向为自西向东,扎囊为自西南向东北,泽当为西南偏西向东北偏东,桑耶为自北向南。

(三)沙尘移动路径

由于高大的山体等地形因素对沙尘天气有明显的阻挡作用,使得雅鲁藏布江中游河谷地区大部分地点的沙尘天气很难发展壮大,但在局部地区能有所发展,这种特点在贡嘎、扎囊、泽当一线的宽谷地带表现得最为明显。分析表明,贡嘎县与曲水县交接的区域是沙尘天气的源头所在,当该区域的大风形成后,直接向东或向东北方向吹,沿途裹胁河谷流域旱作耕地上的细土和河流冲积产生的沙子形成沙尘天气,沙尘天气移动路径为:曲水→贡嘎→扎囊→泽当。由于河谷西段沙尘源地处缺乏数据,因此无法计算沙尘天气的移动速度。

三、研究区风沙化土地驱动因子分析

气温升高是造成风沙化土地进一步发生发展的主要动力,而平均风速下降和降水量增长是抑制其发生发展的主要原因。人工林面积的大幅度增加,减缓了河床沙源向河岸及山坡的搬运,风沙化土地面积减少。

(一)气温和降水变化对风沙化土地演变的影响

气候是制约生态脆弱地区沙漠化的最主要和多变的环境因素,对沙漠化发生发展有直接的影响。研究区地处高原温带半干旱季风区,构成其生态环境的要素十分脆弱,自身便孕育着土地风沙化的条件和自然的沙漠化过程。近 38 年(1981—2018 年)研究区气候趋于暖湿化。年平均气温升温率为 0.18℃/10 年,冬季升温幅度更明显,升温率达 0.44℃/10 年;年降水量呈明显的增加趋势,平均每 10 年增加 23.0 毫米;冬、春季相对湿度呈明显上升趋势,每 10 年分别增加 5%~11%。气温的升高,蒸发强度增大,土壤水分减少,严重时可能导致地表植被的枯萎和退化,使得土壤抗风蚀能力减小。而降水的增加补充了土壤水分,对植物生长更有利。

(二)风况条件对风沙化土地演变的影响

研究区干季受西风带干冷气流控制,空气干燥、降雨稀少,扬沙、沙暴、浮尘天气出现频繁。雨季印度西南季风带北移,多对流性天气发生,会出现短时大风。近 38 年来,研究区平均风速在 1984 年以前呈增长趋势,之后呈不断下降趋势,1996 年后波动较大。风速大于 4 米/秒的次数平均为 185.5 次/年,且多发生在 2 月、3 月和 4 月,分别为 13.6 次、21.9 次和 19.9 次。20 世纪 80 年代平均次数为 255.8 次/年,90 年代为 145.6 次/年,2000 年后为 142.1 次/年。这说明,研究区风力强度总体呈下降趋势,有利于抑制土地风沙化。

(三)植树造林对风沙化土地演变的影响

对雅江河谷和拉萨河曲水段河谷人工林面积进行遥感解译结果显示,2000 年后拉萨机场周边河谷地段人工林面积大幅度增加,裸露河床面积显著减少,人工造林和植被恢复力度比 20 世纪 90 年代进一步加大,沿江防护林带的建设在一定程度上减缓了河床、河滩地沙源向河岸及山坡的搬运,风沙化土地面积减少。

四、结论

(1)风沙源为本地源,主要来自雅鲁藏布江冬、春枯水季裸露的含有大量沙物质的江心洲和河心滩,还有一部分来自拉萨河下游曲水段跨过山顶的雅鲁藏布江雅沙河谷连片的风沙化土地。另外,周边的农田、荒地、沙地等都存在着大量的第四纪松散沉积物、沙物质,在风力的吹扬搬运作用下,沿河谷两岸形成风积或风蚀类型沙地,也是另一种类型的沙源地。

(2)起沙风速为 6 米/秒,主导风向为西风或西南风。冬、春两季贡嘎起沙风主导风向为西北偏西风;泽当起沙主导风向为西风,次风向为南风;桑耶主导风向为西南风,次风向为东北偏北风;曲水主导风向为西风、西南风,次风向为北风和西北风。

(3)沙尘移动路径为曲水→贡嘎→扎囊→泽当,扎囊、桑耶输沙能力强,曲水、贡嘎、泽当输沙能力低。输沙方向为自西向东,是风沙侵蚀的主要方向和沙害防御的重点区域。

(4)区域气候暖湿化明显。年平均气温升温率为 0.18℃/10 年,冬季升温幅度更明显,升温率达 0.44℃/10 年;年降水量呈明显的增加趋势,平均每 10 年增加 23.0 毫米;冬、春季相对湿度呈明显上升趋势,每 10 年分别增加 5%~11%。

(5)气温升高是造成风沙化土地进一步发生发展的主要动力,而平均风速下降和降水量增长是抑制其发生发展的主要原因。人工林面积的大幅度增加,减缓了河床沙源向河岸及山坡的搬运,风沙化土地面积减少。

五、建议

(1)在雅江两岸开展大规模的植树造林(含灌木在内的乡土树种),改善环境条件,减少沙源。在输沙方向科学有序地开展防沙治沙工作,通过人工治理(蓄水调节环境湿度、种植植被)减少风沙化土地面积。

(2)因研究区内测站有限,为了进一步开展研究区起沙原因、输沙方向、合理开展防沙治沙措施等方面的研究,应加强监测和预测。一是合理布局地面自动气象站,增加沙尘、沙化土地的自动观测,二是充分利用卫星遥感,特别是高分卫星、风云 4 号卫星对沙尘的监测,摸清沙尘移动方向、沙沉降点、输沙方向等;三是开展基于 GRAPES_SDM 的沙尘预报业务,实现对沙尘的预报预警。

甘肃气候暖湿化特征及对策建议

马鹏里　王有恒　杨金虎　韩兰英　李晓霞　王鹤龄　杨建才

（兰州区域气候中心　2019 年 11 月 19 日）

摘要： 21 世纪以来甘肃省气候呈现暖湿化特征。近 20 年来，河西气温升高 0.8℃，年降水量增加 11.4%；河东气温升高 0.5℃，年降水量增加 7.5%。受气候变暖影响，热量环境的改善推进了作物适宜生长区域向北、向高海拔地区扩展，利于提高作物增产潜力；植被整体改善；冰川积雪面积减少，雪线上升，内陆河流量增加。预计到 2050 年甘肃省年平均气温和降水量将继续增加，祁连山冰雪融化速度将加剧，短期内河西内陆河流量增加，但长期将面临水资源短缺风险，生态环境将受影响。甘肃气候暖湿化带来的机遇与挑战并存，但总体机遇多于挑战。为此，建议深入开展气候规律研究，提高应对气候变化和防灾减灾能力，促进空中云水资源合理开发利用，加强生态文明建设，构筑西部生态安全屏障，优化产业结构，助力富民兴陇新局面。

一、百年以来甘肃气候变化特征

从百年尺度来看，甘肃河东地区自 1930 年以来共出现两个相对明显的暖湿化时段，分别是 1935—1945 年和 1999—2018 年，相比较第一次暖湿化时段变暖程度较强（温度变化量 0.68℃），变湿程度较弱（降水变化量 17.4 毫米），当前的暖湿化变暖程度较弱（温度变化量 0.1℃），变湿程度较强（降水变化量 50.0 毫米），虽然当前的暖湿化持续时间较长，但降水与温度的峰值还没有超过 1930—1940 年。而河西地区自 1930 年以来共出现了三次相对明显的暖湿化，分别是 1935—1945 年、1960—1979 年和 1987—2018 年，相比较，当前的暖湿化时段持续时间较长（32 年），变暖程度较强（温度变化量 0.7℃），虽然变湿程度略弱于前两个时段（降水变化量 30.4 毫米），但是降水峰值已经是近百年来的最大值，因此，通过比较近百年来甘肃的暖湿化特征，当前的暖湿化河西地区比较显著，但河东地区偏弱。

二、近 20 年甘肃暖湿化趋势明显

气温显著升高。1961—2018 年甘肃地区表现出一致增温趋势，平均每 10 年升高 0.28℃，高于全球（0.12℃/10 年）和全国（0.24℃/10 年），特别是 1997 年以来气温呈快速升温态势。河西地区升温幅度最大，平均每 10 年升温 0.38℃，升温幅度为全球 3 倍多。河东升温幅度相对较小，每 10 年升温 0.25℃，陇中地区升温幅度略低于河西地区，每 10 年升温 0.30℃（图 6-8）。

降水量明显增多。全省降水量 1997 年之前呈减少趋势，1997 年之后年降水量平均每

10 年增多 22.6 毫米,累计增加了 9.8%。分区域看,1960—1993 年河西地区降水量呈略增加趋势,平均每 10 年增加 5.5 毫米,1993 年以来平均每 10 年增加 9.9 毫米,累计增加了 11.4%。河东地区年降水量 1997 年之前平均每 10 年减少 18.3 毫米,1997 年之后平均每 10 年增加 27.8 毫米,累计增加了 7.5%;陇中地区 1997 年之后平均每 10 年增加 20.1 毫米,累计增加了 9.9%(图 6-8)。

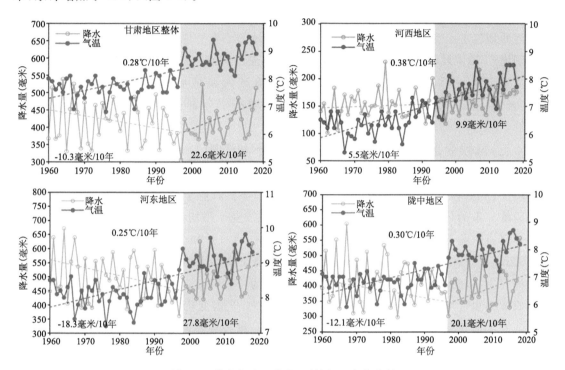

图 6-8　甘肃各地区降水、平均气温变化趋势

三、气候暖湿化对农业和生态影响

气候变暖为甘肃农业生产变革提供了发展机遇。热量资源丰富使得一些地区作物产量增加明显,种植北界北移西扩有利于提高作物增产潜力。但气候变暖使得甘肃农业干旱与病虫害加剧,影响加重,防控难度加大;同时,出现新的灾害类型,对甘肃农业生产构成了严重威胁。气候变暖背景下,甘肃省植被指数有增加趋势,祁连山植被整体改善,局部退化,祁连山积雪面积呈轻微减少趋势,短期内河西内陆河流量增加,但长期将面临水资源短缺风险,生态环境将受影响。

(一)气候变暖为甘肃农业生产变革提供了机遇

热量资源增加,一些地区主要作物增产明显。近 40 年,冬季气温明显升高,特别是最低气温显著升高,为冬小麦安全越冬提供了热量保障。冬小麦单产在陇中、陇东和陇南地区呈增加趋势,以陇南增产幅度最大,达 42.7 千克/亩。春小麦单产在陇中、陇东、陇南、河西均呈增加趋势,其中河西增产幅度最大,达 47.7 千克/亩。玉米在 5 个地区(陇中、陇东、陇南、河西和甘南)均呈逐年增加趋势,且以河西增产幅度最大,达 196.2 千克/亩。马铃薯在 5 个地区也均呈持续增产趋势,以河西增产幅度最大,达 144.0 千克/亩。

作物种植北界北移西扩,增产潜力剧增。与 1951—1980 年相比,1981—2018 年甘肃省一年两熟制作物可种植北界不同程度地北移,北移最大的地区为陇南、陇东和甘南高原;陇南境内平均北移 240 千米,东北部地区播种面积增加。冬小麦种植北界不同程度西扩,西扩最大的地区为河西地区和甘南高原;河西地区平均西扩 500 千米,甘南高原平均西扩 420 千米。河西地区冬小麦种植北界西扩使界限变化区域的小麦平均增产 2.3%,陇中和甘南地区则分别增产 52.7% 和 3.7%。冬小麦、玉米、春小麦、马铃薯等一年一熟种植模式转变为冬小麦—夏玉米一年两熟种植模式的变化可使单产大幅增加,陇南地区增产率分别达153.5%、65.1%、1262.6%、149.7%;陇中地区增产率分别达 84.6%、91.3%、76.4%、83.0%。

(二)气候变暖加剧了甘肃农业生产的不利影响

干旱化程度加剧,农业干旱灾害影响增大。1961 年以来,全省春旱发生频率与强度呈明显增加趋势,春旱与伏旱发生范围呈明显扩大趋势。农业干旱灾害发展具有面积增大和危害程度加重的趋势,特别是 20 世纪 90 年代以来农业干旱均在中旱以上,且以特旱和中旱居多。全省农业干旱受灾、成灾和绝收率(25.2%、14.1% 和 2.2%)均明显高于全国平均(15.0%、8.1% 和 1.7%),且均呈增加趋势,增速高于全国平均水平。全省各地都有干旱灾害损失发生,以河东干旱灾害损失较大、范围较广为主要特点。

农业病虫害加重,防控难度加大。近 40 年以来,气候变化总体使得甘肃省农业病虫草鼠害的发生面积呈增加趋势,危害加剧。农区病害、虫害和鼠害的发生面积率主要受温度影响,草害发生面积率主要受降水日数影响。防治后,病虫害导致小麦、玉米和马铃薯的单产平均损失率分别为 4.6%、2.6% 和 5.7%。在不防治病虫害条件下,甘肃省小麦、玉米和马铃薯的平均单产可能损失率最大值分别为 34.0%、18.9% 和 32.8%。

灾害呈现出新特点,影响农业种植结构。甘肃过去以抗旱为主,现在夏秋风雹、强降水和春季低温冻害等灾害增多。1961 年以来,风雹、暴雨洪涝和低温冷害的综合损失率均呈增加趋势,增加速率分别为 0.3%/10 年、0.5%/10 年和 0.7%/10 年。这些新的灾害特征使得原先适于干旱少雨、高寒阴湿气候的避灾农业(如苹果、马铃薯、中药材及畜牧业等)面临产业调整。

(三)气候变化对生态环境影响

甘肃省植被指数有增加趋势。近 20 年来甘肃省平均植被指数呈逐年增加趋势,特别是近 3 年来植被改善幅度明显增大。河东地区除庆阳北部、兰州中北部、定西北部、白银大部以外,其余地区植被长势良好;河西祁连山周边、张掖中部、武威中部地区植被长势良好,尤其是区域内荒漠植被呈显著改善趋势,其中疏勒河流域和石羊河流域中下游地区荒漠植被改善程度更为明显。

祁连山植被整体改善,局部退化。祁连山植被覆盖呈现东多西少的分布特征,并随着海拔升高呈增加趋势,在 3100 米处达到最大值,之后随着海拔升高逐渐减小,植被覆盖与祁连山降水的空间分布特征基本一致。自2000年以来植被覆盖区域面积整体缓慢增加,植被增加的区域面积比例为26.6%,主要集中在祁连山中西部的高山和亚高山森林草原地区。植被减少的区域面积比例为13.1%,主要分布在海拔相对较低的祁连山中北部河谷区。2000年以来植被改善区域的比例高于退化区域。

祁连山积雪面积呈轻微减少趋势。21世纪以来祁连山区季节性积雪总面积呈轻微减少趋势,东、中段减少幅度稍大,西段有微弱减少。积雪总面积最大值出现在2008年,为15218.6平方千米,2013年最小为8283.8平方千米。最大积雪面积在11月中旬左右,最小积雪面积在8月。祁连山冰川和积雪面积变化对气温要素更为敏感。冰川和积雪的融化将对水资源和生态环境产生重大影响,造成固体水资源锐减,地表径流的稳定性降低。

河西内陆河流量呈增加趋势。河西走廊三大内陆河年平均径流量从东到西径流呈逐步增加的趋势。近58年石羊河流域的径流没有明显变化趋势,20世纪60年代和21世纪相对丰水,70年代和90年代相对枯水。温度上升加速了祁连山中西段冰雪融化,增加了黑河和疏勒河径流补给,因此,黑河流域年平均径流平均每10年增加2.0立方米/秒;疏勒河流域年平均径流增加最为显著,平均每10年增加3.3立方米/秒,21世纪以来的18年增加尤其明显。

四、未来气候变化预估及其影响

采用IPCC第五次报告中所使用的三种温室气体排放情景(RCP2.6、RCP4.5和RCP8.5),对甘肃未来气候变化进行预估。21世纪末在三种不同情景下甘肃省年平均气温和年降水将呈现出不同态势;RCP2.6情景下,2020—2050年气温和降水呈上升趋势,之后减少;RCP4.5情景下,气温2020—2090年呈上升趋势,降水2020—2070年呈增多趋势,之后减少;RCP8.5情景下,气温和降水均呈持续上升趋势。

未来祁连山气温升高,冰川积雪消融加剧。受气候变暖影响,预计祁连山区雪线会继续上升,将由2000年的4500~5100米上升到4900~5500米;冰川冰面将继续减薄,冰川的萎缩态势也将继续,预计面积在2平方千米左右的小冰川将在2050年左右基本消亡。气候变暖和人类活动增加使得冰雪融化速度加剧,短期会造成河流水量增加,从长期来看,冰川容量不能永远维持融水径流增加,径流峰值过后将面临水资源短缺风险,生态环境也将受到严重影响。

内陆河流域气温继续升高、降水增多。在全球1.5℃和2.0℃升温下,多模式多情景集合预估的疏勒河、黑河、石羊河流域年平均气温和平均年降水量相对于1976—2005年均呈增加趋势。疏勒河流域预估的平均年径流量相对于1976—2005年都有所增加,增幅相近,约10%;黑河流域略有减少,1.5℃和2.0℃增温情景下的径流减少幅度分别为3%和4%;石羊河流域在全球1.5℃升温下,平均年径流量减少8%,2℃升温下变化不大。

五、对策建议

甘肃暖湿化特征及其影响带来的机遇与挑战并存,但总体机遇多于挑战。需要我们未雨绸缪,通过趋利避害,积极应对,助力富民兴陇新局面。

(1)抓住气候暖湿化机遇,加强生态环境保护,构筑西部生态安全屏障。充分顺应和利用暖湿化气候变化新趋势,切实加强空中云水资源的合理开发应用。启动相关生态环境的重大工程项目,加快祁连山、甘南草原等生态保护区的建设和恢复步伐,促进形成区域生态环境良性耦合的自然环境系统,使人与自然和谐、经济社会与资源环境协调发展。

(2)优化农业、新能源产业结构,深化脱贫攻坚,攻克最后贫困堡垒。针对暖湿化气候变化特点,及时进行精细化农业气候区划,调整作物品质布局,优化农业产业结构,提高农业产量和品质,推进寒旱特色农业发展之路;加强水利工程基础建设,合理调配水资源;发挥我省风、光、水等清洁能源的区域优势,推进区域绿色发展,如期打赢脱贫攻坚战。

(3)统筹旅游资源保护和开发,打造甘肃气候"宜居宜游"新名片。独特多样的气候条件使得甘肃具有"大漠戈壁、森林草原、冰川雪峰、丹霞溶洞"等丰富的旅游资源。同时夏季气候凉爽宜人,与南方的灼热形成鲜明对比。抓住气候暖湿化机遇,建设美丽新甘肃,打造"旅游甘肃、宜居甘肃、避暑甘肃"等旅游宜居新热点。

(4)加强气候变化监测与气候规律研究,提高预报预测预警水平和气象防灾减灾能力。虽然从温度降水变化特征来看,甘肃呈现暖湿化特征,但暖湿化成因和时间尺度尚需进一步研究。甘肃仍处于干旱区半干旱区,降水增加的绝对量仍然很小,而且伴随气温上升,蒸发增大,旱涝并发并增和旱涝急转的风险加大。因此,要加强气候变化监测与气候规律研究,提高预报预测水平,提升应对气候变化能力。

海南康养气候条件评估报告

张亚杰　张明洁　杨静　车秀芬

（海南省气候中心　2019 年 12 月 5 日）

摘要：从气候环境康养角度出发，综合考虑气候、空气、生态等方面综合影响，构建了气候康养指数；从影响哮喘的气象条件出发，基于气温和空气质量对哮喘的影响，构建了哮喘康复气象条件评价指标。分别统计分析了 2016—2018 年海南各市县(三沙除外)气候康养指数，以及上海、海口、三亚哮喘康复气象条件，得到以下结论：(1)从空间分布上看，海南岛各市县气候康养条件以中部五指山、白沙和南部保亭最好，此区域人体舒适度、空气质量、生态状况均较好。(2)从时间分布上看，五指山 11 月气候康养条件最佳，其次为白沙 11 月和保亭 12 月。(3)从各月哮喘康复气象条件来看，三亚各月优良天数均在 90％以上，2 月、4—9 月达到 100％，适合哮喘康复。海口除 2 月和 10 月，其他月份优良天数均在 90％以上，6—8 月达到 100％，适合哮喘康复。上海 6 月、8—10 月优良天数达 70％以上，较适合哮喘康复；1 月、2 月和 12 月中级和差级天数达 90％以上，哮喘康复气象条件较差。(4)从全年哮喘康复气象条件来看，三亚全年哮喘康复优良天数达 98％，优级为 86％；海口优良天数达 95％，优级为 72％；上海优良天数仅占 50％，优级为 15％。三亚和海口哮喘康复气象条件明显优于上海。

一、目的和意义

气候康养是指利用气候因子或经过改造的微小气候的物理、化学作用对疾病进行防治的方法，也是锻炼身体、增强体质的良好措施。其主要作用是从有害的气候环境转移到有益的气候环境，接受新的气候刺激，从而使机体功能向好的方向转化。随着社会生产力的发展和人们康养意识的提高，现代疗养医学越发重视不同气候在疗养中的作用。

海南正大力发展基于气候治疗的康养医疗，大力发展大健康产业。2019 年 1 月 11 日印发的《海南省健康产业发展规划(2019—2025 年)》提出，到 2025 年，要建立起体系完整、结构优化、特色鲜明的健康产业体系，初步建成领先的智慧健康生态岛和全球重要的健康旅游目的地。海南具有独特的气候、生态、清洁空气等资源优势，但各市县资源存在明显差异，如何综合评估各地区气候康养条件，以及气象敏感性疾病(如哮喘等呼吸系统疾病)康复气象条件，走出具有海南特色的健康产业发展道路，是亟须解决的科学问题。本报告以此为出发点，从气候环境康养角度出发，综合考虑气候、空气、生态等方面综合影响，构建了气候康养指数；从影响哮喘的气象条件出发，基于气温和空气质量对哮喘的影响，构建了哮喘康复气象条件评价指标，开展了海南省气候康养条件评估和哮喘康复气象条件评估。

二、海南气候康养条件评估

(一)各市县各月气候康养条件

根据气候康养指数计算了海南省各市县(三沙除外)2016—2018 年逐月气候康养指数,进而逐月对比分析了各市县气候康养条件。

从海南岛各市县 1—12 月平均气候康养指数分布图(图略)可以看出:1 月最适合进行康养的市县为保亭、三亚、五指山、乐东和白沙,在人体舒适度、空气质量、生态环境三方面都具备优良的条件;2 月最适合进行康养的市县为保亭、五指山、三亚;3 月最适合进行康养的市县为五指山、保亭、白沙、乐东、琼中、万宁、屯昌、琼海、陵水;4 月最适合进行康养的市县为五指山、琼中、白沙、屯昌、定安、万宁、保亭、琼海;5 月最适合进行康养的市县为五指山、白沙、琼中、屯昌、定安;6 月最适合进行康养的市县为白沙、琼中、五指山、屯昌、定安;7 月最适合进行康养的市县为五指山、白沙、琼中、保亭、屯昌、儋州、定安;8 月最适合进行康养的市县为白沙、五指山、琼中、屯昌、定安;9 月最适合进行康养的市县为五指山、白沙、琼中、保亭;10 月最适合进行康养的市县为五指山、白沙、保亭、乐东;11 月最适合进行康养的市县为五指山、白沙、保亭、乐东、昌江、琼中、儋州、陵水、东方、三亚;12 月最适合进行康养的市县为保亭、五指山、三亚、乐东、白沙。

(二)各市县年平均气候康养条件

从各市县年平均气候康养指数来看(图 6-9),海南省气候康养指数排名前 3 的市县依次为五指山、白沙和保亭,气候康养指数分别为 0.28、0.31 和 0.35。

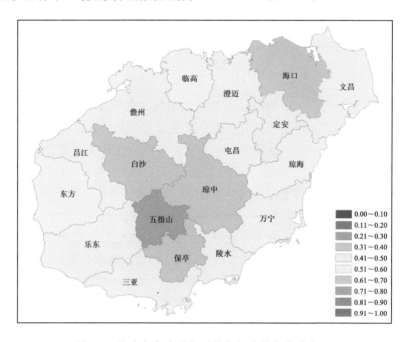

图 6-9 海南岛各市县年平均气候康养指数分布图

五指山年平均人体舒适度指数为 69.63,排名第 1,人体感觉舒适;环境空气质量综合指数为 1.62,排名第 1,空气质量优;植被均一化指数为 0.75,排名第 2,生态环境优。在绝佳的人体舒适度、空气质量和生态环境下,一年中所有月份都适合进行康养,3 月、4 月、5 月、7 月、9 月、10 月和 11 月气候康养条件在全岛均排名第 1。其中,11 月在全岛各市县各月中排名第 1,为全岛最佳气候康养月。

白沙年平均人体舒适度指数为 70.17,排名第 5,人体感觉偏热;环境空气质量综合指数为 1.87,排名第 4,空气质量优;植被均一化指数为 0.78,排名第 1,生态环境优。除 2 月外,其他月份都适合进行康养。11 月在全岛各市县各月中排名第 2,在白沙各月中排名第 1。

保亭年平均人体舒适度指数为 72.74,排名第 12,人体感觉偏热;环境空气质量综合指数为 1.75,排名第 2,空气质量优;植被均一化指数为 0.73,排名第 4,生态环境优。除 5 月和 6 月外,其他月份都适合进行康养。12 月在全岛各市县各月中排名第 3,在保亭各月中排名第 1。

此外,三亚年平均气候康养指数为 0.47,排名第 10。年平均人体舒适度指数为 74.0,排名第 18,人体感觉偏热;环境空气质量综合指数为 1.98,排名第 6,空气质量较优;植被均一化指数为 0.67,排名第 10,生态环境较优。一年中最适合去三亚康养的月份为 11 月至次年 2 月,其中,12 月在三亚各月中排名第 1。

三、哮喘康复气象条件评估

根据哮喘康复气象条件分级标准,统计分析了 2016—2018 年海口、三亚、上海 3 个城市逐日哮喘康复气象条件等级,计算了各月优、良、中、差 4 个等级的天数。

从全年哮喘康复气象条件各等级天数分布来看(图 6-10),2016—2018 年海口平均全年哮喘康复气象条件优级天数为 264 天,良级天数为 83 天,中级天数为 16 天,差级天数为 2

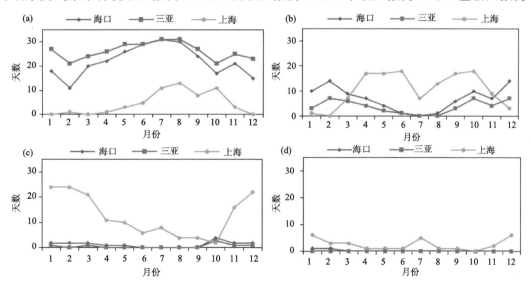

图 6-10　海口、三亚、上海哮喘康复气象条件优(a)、良(b)、中(c)、差(d)等级天数

天。三亚平均优级天数为 314 天,良级天数为 44 天,中级天数为 7 天,无差级天数。上海优级天数为 56 天,良级天数为 127 天,中级天数为 152 天,差级天数为 30 天。可见三亚哮喘康复条件最好,海口次之,上海康复条件一般。其中三亚、海口全年各月均非常利于哮喘康复,上海 7 月、8 月和 10 月较适合哮喘康复。

四、总结

(一)海南气候康养条件

从气候环境康养角度出发,综合考虑气候、空气质量、生态环境等方面综合影响,构建了气候康养指数,并计算评估了 2016—2018 年海南各市县气候康养指数,得出以下结论:

海南岛各市县气候康养条件以中部五指山、白沙和南部保亭最好,此地区人体舒适度、空气质量、生态状况均较好。其中,3 月、4 月、5 月、7 月、9 月、10 月和 11 月五指山气候康养条件均排名第 1;6 月和 8 月白沙气候康养条件排名第 1;1 月、2 月和 12 月保亭气候康养条件排名第 1。11 月五指山的气候康养条件全岛最佳。

(二)哮喘康复气象条件

根据本报告构建的哮喘康复气象条件评价指标,对比分析海口、三亚、上海哮喘康复气象条件,得出以下结论:

三亚平均全年哮喘康复优良天数为 358 天,比率为 98%,优级天数为 314 天,比率为 86%;海口优良天数为 347 天,比率为 95%,优级天数为 264 天,比率为 72%;上海优良天数为 183 天,比率为 50%,优级天数为 56 天,比率为 15%。三亚和海口哮喘康复条件明显优于上海。

2006—2018年长三角地区酸雨特征分析

牛彧文　潘亮　姜瑜君　黄勇　刘端阳

（上海市气象局　2019年6月）

摘要：分析2006—2018年长三角地区的酸雨观测数据显示，2013年以后长三角区域性酸雨污染得到显著改善，酸雨面积减少30%～40%，酸雨频率下降33%，降雨酸度下降12%，表明上一轮大气污染治理有效改善了长三角区域性酸雨污染。目前长三角酸雨正从"硫酸型"转变为"硫酸硝酸混合型"。燃煤仍然是长三角降水酸化的主要因素（约占47%），而以机动车排放为标志的氮氧化物对长三角酸雨的贡献明显升高（约占31%），建议未来在继续控硫的同时，进一步加强对氮氧化物的控制。

酸雨是指pH小于5.6的雨、雪、雹或其他形式的降水。酸雨主要是由于人为活动向大气中排放大量酸性物质所造成。酸雨对人体健康、生态系统和建筑设施都有直接和潜在的危害，可导致土壤酸化、诱发植物病虫害、损毁文物古迹、诱发慢性咽炎等呼吸道疾病等。西南、华中、华东沿海是我国3个主要的酸雨区。中国气象局从1992年陆续在全国开展酸雨监测业务。目前长三角地区共有46个酸雨观测站，观测内容包括酸雨频率、pH值、电导率等，旨在监测长三角地区的酸雨长期变化趋势及其对气候、生态系统的影响。

一、长三角地区酸雨变化趋势

区域性酸雨特点明显，酸雨面积减小。分析2006—2018年长三角酸雨观测数据发现，46个站中有45个站降水的pH值小于5.6，达到酸雨标准，表明区域性酸雨特征明显（图6-11）。但长三角区域性酸雨主要发生在2013年之前，超过90%的测站达到酸雨标准。其中2009年是酸雨污染最严重的一年，2013年以后酸雨站数明显减少约30%，其中2017年和2018年分别只有30个和22个站达到酸雨标准，2018年长三角酸雨区面积较酸雨污染最严重的2009年减少30%～40%，区域性酸雨污染明显改善（图6-12）。

酸雨频率明显下降（图6-13）。2006—2018年长三角地区的酸雨频率呈"先上升、后下降"的变化特征。其中2006—2009年是上升阶段，期间平均酸雨频率为59%，2009年最高达到69%。2010—2018年是下降阶段，尤其是2013年以后酸雨频率逐年下降，至2018年仅为33%。2013—2018年长三角酸雨频率较2006—2012年下降了33%，其中安徽、江苏、上海和浙江分别降低了33%、33%、40%和24%，表明上一轮大气污染防治计划有效降低了长三角地区的酸雨频率。

降雨酸度减弱。过去13年长三角酸雨强度自西向东递增，主要集中在沿海地区。其中安徽最轻（平均pH值为5.04）、江苏和上海次之（平均pH值分别为4.78和4.89），浙江最

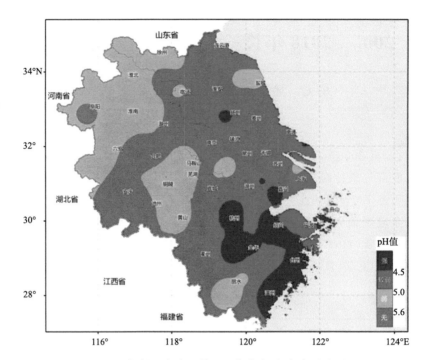

图 6-11　2006—2018 年长三角降雨的 pH 值分布,红色表示酸雨区(pH＜5.6)

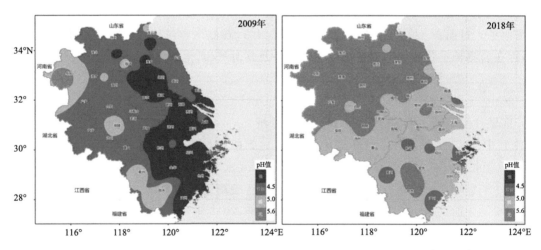

图 6-12　2009 年和 2018 年长三角降雨的 pH 值对比,酸雨区减少 30％～40％

重(平均 pH 值为 4.44),温州、金华、高邮、嘉兴、绍兴是长三角降雨酸性最重的站点。但 2013 年以后随着大气污染防治计划的实施,各省降雨的 pH 值明显上升,2013—2018 年度的降雨酸度较 2006—2012 年下降了 12％。2018 年安徽、江苏、上海和浙江的 pH 值分别为 5.52、5.47、5.36 和 4.91(图 6-14),降雨酸度较 2006 年分别下降了 16％、15％、3.3％和 20％。长三角北部地区降雨 pH 值大于 5.6(无酸雨区),南部地区也从原来的强酸雨区转变为弱酸雨区。

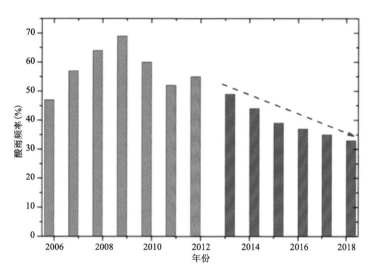

图 6-13　2006—2018 年长三角的酸雨频率变化

（红色表示 2006—2012 年，蓝色表示 2013—2018 年）

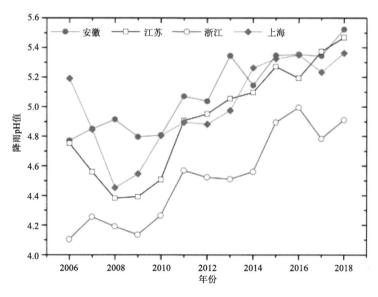

图 6-14　2006—2018 年安徽、江苏、上海、浙江降雨 pH 值变化

（pH 值明显上升，表明降雨的酸度减弱）

二、长三角地区的酸雨成因

从"硫酸型"向"硫酸硝酸混合型"转变。酸雨中最主要物质是硫酸盐和硝酸盐。20 世纪 90 年代酸雨普查结果表明，我国降水成分中硫酸根大约是硝酸根的 4～10 倍。我国的酸雨被认为是典型的"硫酸型"酸雨。对比 2008 年和 2015 年长三角大气本底站（临安）的酸雨化学组分观测数据发现，硫酸根的贡献从 52％下降到 47％，而硝酸根的贡献则从 22％上升

到 31％，表明长三角的酸雨正从"硫酸型"转变为"硫酸硝酸混合型"，燃煤仍然是长三角降水酸化的主要致酸因素，但以机动车排放为标志的氮氧化物对长三角酸雨的贡献明显增大。

三、主要结论和建议

2013 年以来，长三角地区的酸雨范围、酸雨频率、酸性程度都明显下降，表明大气污染治理对于改善区域酸雨具有明显成效。

长三角地区的酸雨正从"硫酸型"向"硫酸硝酸混合型"转变。建议未来在继续控硫的同时，进一步加强对氮氧化物的控制，才能进一步降低酸雨频数和强度。

粤港澳大湾区发展需要充分考虑气候风险，
加强灾害风险管理

周兵　曾红玲　赵琳　韩振宇

（国家气候中心　2019 年 3 月 5 日）

摘要：建设国际一流湾区和世界级城市群是粤港澳大湾区发展的国家重大战略目标。本文基于大湾区近百年气象观测资料和区域气候模式百年模拟结果，从气候生态环境特点、气候变化与极端天气气候事件事实、气象灾害与气候风险、未来 30 年气候趋势、气候环境面临挑战、气候变化适应对策等方面进行了系统性分析。大湾区温暖多雨、类型多样、灾害频发、植被条件好，但地处低纬度气候系统脆弱区，独特优势与气候风险并存。近 60 年大湾区气候呈现暖湿化格局；短历时降水强度大、登陆台风强度大、海平面升速明显，气象灾情重、气候风险大、灾情和风险凸现在未来 30 年间会进一步持续。面对防灾减灾救灾和气候变化适应需求，未来应切实采取积极行动，合理利用气候资源，提高气象灾害风险管理能力，做好气候变化适应性城市建设。

一、大湾区气候生态环境概况

（一）地理生态环境

大湾区地属亚热带季风气候，三面环山、南面临海，珠江流域的西、北、东三江在此汇聚，海岸线漫长，地理条件复杂。大湾区总占地面积 5.6 万平方千米，区域人口占全国的 5%，地区生产总值（GDP）占全国的 12%。大湾区气象灾害种类多、发生频率高、影响重，台风、暴雨、高温、雷电、大风、风暴潮等灾害性天气对区域社会经济发展和人民生命财产造成严重影响，气象灾害经济损失占自然灾害总损失的 80% 以上。

植被指数（NDVI）可表征植被生长状态、生长活力及生物量，2000—2018 年大湾区植被指数平均值为 0.644，显著高于 2018 年全国平均值（0.305）。2000 年以来大湾区植被指数呈明显增长趋势，平均增幅为每 10 年 0.051，表明植被环境优良且稳定向好，其中 2017 年植被指数最大（0.696）。2018 年植被指数较 2017 年有所降低（降低 1.3%），其主要原因可能与气象灾害、地质灾害以及人为因素影响有关，尤其是超强台风"山竹"对粤港澳的侵袭，仅广州市内树木倒伏和倾倒 3200 余棵，对香港树木的摧毁程度为近 50 年最重，大湾区植被在一定程度上受到破坏。

（二）气候特征及极端性

大湾区年平均气温 22.2℃，其中肇庆最低（21.6℃），香港最高（23.3℃）。夏季平均气温

28.3℃,冬季平均气温 14.8℃,其中 7 月最高(28.7℃),1 月最低(13.9℃)。1961—2018 年,年平均气温最低为 21.1℃(1984 年),最高为 23.1℃(2015 年)。大湾区年平均最高气温 26.6℃,其中惠州博罗最高(27.1℃),上川岛最低(25.9℃)。1961—2018 年,平均最高气温最高为 27.5℃(2003 年),最低为 25.2℃(1984 年)。大湾区年平均最低气温 19.2℃,其中龙门最低(17.4℃),上川岛最高(20.7℃)。1961—2018 年,平均最低气温最低为 18.0℃(1969 年),最高为 20.2℃(2015 年)。

大湾区雨水丰沛,但季节分配不均,夏季降水量 864.5 毫米,而冬季仅为 141.2 毫米。大湾区区域平均年降水量 1873.9 毫米,其中江门恩平最多(2552.6 毫米),肇庆封开最少(1484.2 毫米)。1961—2018 年,大湾区降水年际差异明显,2016 年最多(2394.8 毫米),1963 年最少(1161.6 毫米)。

分析表明,大湾区各城市年平均最高气温在 25.6~26.8℃,区域差异幅度为 1.2℃。年平均最低气温在 18.3~21.4℃,区域差异为 3.1℃。日极端最高气温在 36.6~40.6℃,其中最高值(40.6℃)出现在肇庆市怀集(2003 年 7 月 23 日);日极端最低气温在 -4.4~1.7℃,其中最低(-4.4℃)出现在惠州龙门(1963 年 1 月 16 日和 1999 年 12 月 23 日)。

大湾区常年暴雨日数 8.1 天,占降水日数的 5%,香港(13.5 天)和珠海(11.7 天)超过 10 天;肇庆(5.5 天)和佛山(6.8 天)均不足 7 天;其他 7 个城市年暴雨日数在 8~9 天。各城市年最多降水量较常年偏多 3~5 成,1997 年香港降水量创历史最多纪录,达到 3343.0 毫米;年最少降水量则偏少 3~8 成,1996 年珠海创历史最少纪录,仅为 466.7 毫米。历史上大湾区日最大降水量超过 500 毫米的城市有惠州(547.3 毫米)、江门(566.3 毫米)、珠海(620.3 毫米)和香港(534.1 毫米)。

二、大湾区气候变化特征

在全球气候变化背景下,大湾区总体气温上升,降水量增加,降水日数减少,但暴雨日数却增多;部分地区日降水量和小时雨强显著增加。1961 年以来,大湾区气候风险持续增加,暴雨洪涝、超强台风、高温热浪等极端天气气候事件频发,对大湾区城市公共安全、交通、卫生健康、能源、水资源、生态环境乃至公众日常生活等均造成了不利影响。

(一)气候变暖事实

依据中国气象局、香港天文台和澳门地球物理暨气象台提供的广州、香港和澳门气象观测站的百年站点资料,1908—2016 年,广州气象台年平均气温呈上升趋势,升温速率为 0.13℃/10 年,19 世纪 50 年代末的 10 年间有小幅快速增暖;1901—2018 年,香港天文台年平均气温(1940—1946 年无观测数据)呈上升趋势,升温速率为 0.13℃/10 年;1903—2018 年,澳门年平均气温呈上升趋势,升温速率为 0.07℃/10 年。1961 年以来,大湾区区域平均气温呈上升趋势,上升幅度为 0.21℃/10 年,升温速率低于全国增暖的平均速率(0.24℃/10 年)。此外,大湾区平均最高气温和最低气温也呈上升趋势,上升幅度分别为 0.20℃/10 年和 0.26℃/10 年,其中最低气温上升趋势最为明显。

(二)降水趋多雨强趋大

1908—2018 年,广州气象台年降水量呈增加趋势,增加幅度 30.6 毫米/10 年;1901—2018 年,香港天文台和澳门年降水量也均呈增加趋势,增加幅度分别为 29.3 毫米/10 年和 40.6 毫米/10 年。

20 世纪 90 年代以来,粤港澳大湾区降雨越来越集中、降雨强度越来越大,短历时降水强度增强,城市内涝风险加大。区域百年一遇日降水量和 3 小时以内的短历时降水强度增加超过 1 成,超大城市百年一遇小时降水量重现期显著缩短,如广州变为 10 年一遇、深圳变为 15 年一遇。暴雨对城市的冲击越来越大,发生城市内涝的风险明显增加。

(三)海平面升高事实

1971—2010 年,全球平均海平面上升速率为 2.0 毫米/年,我国 1980—2017 年上升速率为 3.3 毫米/年,显著高于全球平均水平。根据国家海洋局《2017 年中国海平面公报》,2017 年南海、东海、渤海和黄海沿海海平面较 1993—2011 年平均值分别偏高 100 毫米、66 毫米、42 毫米和 23 毫米。香港维多利亚港验潮站的监测资料显示,2018 年维多利亚港海平面高度为 1.45 米,较 1993—2011 年平均值高出 10 毫米。1954—2018 年,海平面高度总体呈现线性增加趋势,上升速率为 3.2 毫米/年。粤港澳大湾区沿海海平面上升加大了台风风暴潮、海岸侵蚀和咸潮的可能性。

三、大湾区气象灾害与气候风险

近几十年来大湾区气候发生了显著变化,气象灾害呈现新的特点,气候风险持续增加。气象灾害强度与影响力凸现,气候风险加剧,使得大湾区社会经济与科技发展面临来自气候变化与极端事件的挑战。

(一)主要气象灾害

(1)暴雨洪涝

大湾区西南沿海区域年暴雨日数最多,超过 10 天,东部大部及中山市年暴雨日数普遍有 8~10 天,大湾区西北部及惠州市中部等地普遍有 6~8 天。

历史上主要洪水事件有:1915 年 7 月,西江、北江下游同时发生 200 年一遇特大洪水,且东江大水适值盛潮,致使珠江三角洲堤围几乎全部溃决,这是珠江流域有史可查的影响面积最广、灾情最大的一次洪水。1959 年 6 月,东江中下游发生 100 年一遇特大洪水,博罗站还原洪峰流量 14100 立方米/秒,珠江三角洲水位持续高涨,顺德县有多处围堤历时 40 多天不能启闸排水,内涝严重。1994 年 6~7 月,西江、北江同时并发 50 年一遇大洪水,致使两广受灾农田近 125 万公顷,受灾人口达 1319 万人,直接经济损失约 632 亿元。

(2)登陆大湾区台风

从 1949 年以来以强台风及以上强度登陆大湾区的台风分析发现,在 1964 年强台风接连 3 次在深圳—珠海—澳门一带强势登陆,"露比"使得香港和澳门均悬挂 10 号风球,提醒社会决策层和公民采取相应的应对措施;"莎莉"为历史上最强的超强台风,登陆前在西太平洋过程最大风速达 88 米/秒,中心气压为 895 百帕;"黛蒂"导致大鹏湾主坝被毁。1971 年又有 2 个强台风登陆,"露茜"中心风力紧密而强劲,属侏儒系统台风;"露丝"威力强劲,风雨交加,在香港大帽山测到 77 米/秒的历史最强风速。1979 年"荷贝"和 1983 年"爱伦"分别在深圳大鹏湾和珠海九洲港一带登陆,有 300 万人受灾,受灾面积超 24 万公顷。沉寂了 30 多年的强台风在近年再次被激活,2017 年"天鸽"和 2018 年"山竹"给大湾区造成重大影响。

(3)高温热浪

1981—2010 年粤港澳大湾区年高温日数从沿海向内陆增加,香港、深圳、澳门、珠海年高温日数不足 5 天,中山、台山、江门等地有 5～10 天,恩平、开平、广州番禺区和南沙区、东莞有 10～15 天,大湾区北部大部在 15 天以上。1961—2018 年,大湾区年高温日数呈明显增加趋势,增加速率为 3.7 天/10 年,其中 1973 年高温日数最少(1.7 天),2014 年高温日数最多(31.2 天)。大湾区高温日数 7 月最多(6.1 天),其次是 8 月(5.8 天)和 6 月(1.9 天)。高温日数显著增多,高温热浪频发对城市电力负荷提出了越来越高的要求,2014 年持续的高温天气使得广东电网成为全国首个统调负荷突破 9000 万千瓦的省级电网。

1961 年以来大湾区持续时间最长的 10 次极端高温热浪事件中,80％出现在近 20 年。其中持续时间最长的高温事件是 1998 年 7 月 11 日到 8 月 27 日,高温热浪事件长达 48 天;2003 年 7 月 2 日至 8 月 11 日的高温事件,过程极端最高气温最高(41.6℃);2017 年 7 月 22 日至 8 月 22 日的高温事件,过程平均最高气温最高(37.3℃)。

(4)局地强对流天气

大湾区的强对流天气类型有雷暴、冰雹、飑线和龙卷等,其中以雷暴天气为主。雷暴主要发生于夏半年(4—9 月),年雷暴日数 71.5 天,由东南沿海地区向西北部山地丘陵地区递增,惠州南部、东莞、深圳、中山、珠海、江门开平、上川岛、佛山三水等地为 50～70 天;其他大部地区为 70～80 天。大湾区近年频发因飑线、龙卷、冰雹等强对流天气引发的重大灾害。强对流天气点多面广,威胁大湾区人民生命财产安全,已成为大湾区致灾风险最高的灾害性天气。

(二)大湾区气候风险加剧

在全球气候变暖大背景下,极端天气气候事件造成的气象灾害呈现频发重发现象,对大湾区城市公共安全、交通、卫生健康、能源、水资源、生态环境乃至市民日常生活等均造成了不利影响。主要风险集中在以下 6 个方面:

一是城市内涝风险加大。20 世纪 90 年代以来,大湾区暴雨日数高于往年平均,降雨越来越集中、降雨强度越来越大。二是登陆台风强度加剧。近十余年来登陆广东沿海的台风数量总体略呈减少趋势,但登陆台风的强度却有增无减,台风带来的影响加大。三是局地强对流天气致灾风险高。大湾区大气对流活动活跃,雷雨大风、飑线、龙卷等短历时、强对流天气频繁。四是高温热浪成主旋律。大湾区高温热浪已成为超大城市群发展遇到的热岛现象,对城市电力负荷提出了越来越高的要求。五是海岸侵蚀可能性加大。粤港澳大湾区海平面总体呈波动上升趋势,加剧台风风暴潮的影响,沿海基础设施安全运行面临的风险加大。六是人体健康气象风险加大。对气候变化敏感的传染性疾病,如心血管病、疟疾、登革热和中暑等疾病发生的程度和范围有所增加。

四、未来气候变化与气候风险预估

(一)气候变化预估概况

在 4 个不同全球模式驱动下,进行了 RCP4.5 中等温室气体排放情景下中国区域 1980—2099 年长时间连续积分模拟。基于上述 4 个模拟结果的集合平均,以 1986—2005 年为基准期,对大湾区未来气候变化预估进行了分析。受人类温室气体排放等外强迫的影响,未来大湾区气温将持续上升,到 2050 年左右,年平均气温将升高接近 1.4℃,到 2100 年左右,升高接近 2.0℃。未来年降水普遍增加,且年代际波动较大。年降水的增幅有显著增加趋势,21 世纪 70 年代之前,增幅多在 10% 以内,到 21 世纪末,最大增幅可超过 18%。

(二)未来 30 年气候变化预估

相对于 1986—2005 年,未来 30 年大湾区年平均和冬季气温将分别上升约 1.0℃ 和 0.9℃,夏季升温略大,约为 1.1℃。夏季肇庆和惠州海拔略高的区域升温幅度超过 1.2℃,其中惠州东部超过 2℃,其升温幅度在全年都普遍高于其他地区。未来 30 年大湾区降水略有增加,但增幅不大。夏季降水空间分布差异较大,降水增加和减少相间分布。

未来 30 年大湾区持续暖昼天数将普遍增加 10～15 天,沿海地区增幅更大,如香港增幅可超过 50 天,区域平均增加 21.2 天。持续冷夜天数将普遍有微弱减少,降幅大都在 3 天以内,区域平均的降幅为 1.7 天。

(三)未来 30 年气候风险

极端降水强度进一步增加。预计未来 30 年,大湾区极端降水的雨强会进一步增强,暴雨洪涝的最高风险区主要集中在佛山、中山、珠海、东莞、深圳和香港一带。

夏季高温热浪加剧。预计未来 30 年,大湾区平均升温约 1℃,且夏季升温幅度略大,极端高温日数将增加 10～15 天,大湾区均处于高温热浪的高风险区。

登陆台风强度增大。预计未来 30 年,超强台风登陆(51 米/秒以上)的概率增大,劲风与强雨因素叠加,致灾程度加剧。

海平面继续上升。预计未来 30 年,沿海海平面将上升约 100 毫米,从而大大提升风暴潮的发生风险。预计 100 年一遇的风暴潮可能变为 45～70 年一遇,50 年一遇的变为 18～27 年一遇。

大气自净能力略有下降。预计未来 30 年,气候变暖使未来大湾区的空气扩散能力略微下降,有可能加剧对人体健康的不利影响。

21 世纪珠江流域将面临全年径流增加、洪水强度增强、频率增加的风险。此外,21 世纪后期珠江上游可能面临湿季和干季都变干的风险,从而减少上游的水电产量。中下游可能面临湿季更湿、干季更干的风险,进而导致下游洪水频率增加,干旱强度加剧,也将增加三角洲地区的咸水入侵风险。经济和人口增加引起的用水量增加将进一步减少干季流量,加重水资源短缺。

五、气候变化适应与趋利避害策略

在大湾区建设发展过程中,首先要完善水利防灾减灾救灾体系,进一步提升气候风险管理能力,加强气候适应型城市建设。为此采取以下针对性行动和科学应对建议:

(1)高度重视城市规划、设计和管理的精细化,合理利用气候资源,打造气候先锋城市典范。构建气候友好型城市生态系统,充分发挥自然生态空间改善城市微气候的功能。考虑气候承载力,高度重视气候可行性论证,加强针对气候的专业设计,改善城市宜居环境,提升气候舒适度,打造气候先锋城市。

(2)加强气象灾害风险管理能力建设,实现由减轻灾害损失向减少灾害风险转变,切实提升城市应对气象灾害能力。加快气象灾害风险管理的制度化进程,构建气象灾害风险管理系统,研制高精度城市内涝等气象灾害风险图谱,推动城市气象灾害应对从事中和事后的灾害救援、治理向事前的风险管理转移;推进气象灾害防御体制机制的创新,实现粤港澳三地跨地区、跨部门合作管理。

(3)加快气候适应型城市建设,提高城市安全运行的韧性,营造全民应对气候变化意识。构建大湾区优质生活圈气候资源承载力与环境评价标准体系,提升城市应急保障服务能力;提高极端天气气候事件抗御能力;建设气候适应型城市,降低应对区域气候变化所带来的风险,积极探索符合粤港澳大湾区实际的城市群适应气候变化建设管理模式,提高应对气候变化的韧性,发挥引领和示范作用。大力提升社会防灾减灾意识和应对气候变化意识,从文化氛围和社会风气角度为应对气候变化提供保障。

防范冰川跃动灾害确保中巴经济走廊安全

丁明虎　怀保娟　孙维君

（中国气象科学研究院　2019 年 2 月 5 日）

摘要：在气候变暖背景下，冰冻圈灾害特别是冰川灾害频发，对"丝绸之路经济带"沿线国家社会经济发展产生严重威胁，但目前尚未建立完善的监测、预测和预警体系。我们收集了中巴经济走廊区历史冰川跃动记录，利用卫星图像的目视解译，建立了一套高危跃动冰川的识别指标，识别了陆上丝绸之路中巴经济走廊两侧的高危冰川，据此为相关部门提出了相关决策建议。

中巴经济走廊是"一带一路"倡议的样板工程和旗舰项目，具有重要的战略意义和极强的示范效应。做好中巴经济走廊气象保障服务既是国家大局发展要求，也是气象部门义不容辞的责任。近期，中国气象科学研究院有关专家对中巴经济走廊存在的风险隐患进行了研究分析后认为，在气候变暖背景下，青藏高原冰川灾害频发威胁中巴经济走廊，应予以重视。

一、近年来青藏高原冰川灾害频发并造成灾害损失

冰川灾害是指由冰川自身构造、运动及冰川融水发生急剧变化造成的灾害，包括冰川洪水、冰川泥石流、冰崩、冰川跃动、冰湖溃决等。这些灾害事件能大规模改变山体、河床的形态与地貌，造成当地居民甚至下游地区的人员伤亡与财产损失。近年来，我国发生了多次冰川灾害，如 2015 年春季，新疆克州阿克陶县公格尔九别峰克拉亚依拉克冰川发生跃动，引发冰崩灾害造成 1.5 万亩草场消失。2018 年 10 月 17 日，西藏林芝市冰川发生冰崩，裹挟冰碛物堵塞了雅鲁藏布江，形成堰塞湖，淹没了加拉村，并给藏东南、缅甸和尼泊尔地区的生产生活带来巨大威胁。

二、气候变暖致使中巴经济走廊发生冰川灾害风险增大

中巴经济走廊位于青藏高原西侧，是西风带强作用区，冰川融化快速，是典型的冰川灾害多发地。气象监测显示，中巴经济走廊已发生多次冰川跃动，如 2018 年 8 月 10 日，喀喇昆仑山克亚吉尔冰川堰塞湖溃决，致使叶尔羌河水位迅速上涨，所幸距离下游生产生活区较远，未造成巨大损失。根据中国气象科学研究院研究评估结果，中巴经济走廊区域共有 90 条冰川处于高风险状态，其中多条冰川位于中巴公路两侧，一旦发生灾害将严重影响中巴经济走廊安全。

此外，气象资料统计显示，1960—2016 年中国气温整体呈显著上升趋势，平均增速 0.274℃/10 年，青藏高原地区升温速度为 0.51℃/10 年，远高于平均增速。近十几年来在气

候变暖的影响下,已观测到冰川灾害发生的频次和强度都有增加趋势。考虑到青藏高原暖湿化趋势,中巴经济走廊发生冰川灾害的概率也在增大,特别是慕士塔格—公格尔峰冰川群中的克拉亚依拉克冰川、其木干冰川,红其拉甫冰川群中的巴托拉冰川、夏呈冰川、巴尔托洛冰川,以及拉卡波希幕士塔格山冰川群中的米纳平冰川、皮桑冰川发生冰川灾害的风险高。

三、对策建议

一是建议高度重视中巴经济走廊存在的冰川灾害风险,设立专项经费加强对冰川灾害致灾机理及防范措施的研究,并制定相应的应急预案。二是加强对冰川运动实时监测,在喜马拉雅山脉、喀喇昆仑山脉、天山山脉等冰冻圈灾害多发区域建立监测预警体系,强化冰川灾害预测预警工作。三是建立青藏高原特别是川藏铁路建设区高危冰川清单,为中巴经济走廊相关规划提供参考,加强高危冰川风险区重要基础设施规划设计、安全保障工作,减少冰川灾害带来的损失。

2019 年第 19 号台风"海贝思"严重影响日本及对我国的启示

王莉萍　王维国　高栓柱

（国家气象中心　2019 年 10 月 22 日）

摘要：2019 年第 19 台风"海贝思"10 月 12 日傍晚以强台风等级在日本伊豆半岛登陆，是 1949 年以来 10 月份登陆日本的第二强台风。"海贝思"带来的狂风暴雨致日本 71 处河流决堤，80 人死亡、11 人失踪，是 2019 年西北太平洋造成人员死亡失踪最多的台风。致灾原因，一是日本是一个以山地为主的国家，此次台风带来的超强暴雨造成产流快、汇水急、冲击力大，导致多处河流决堤洪水泛滥，水患灾害极其严重；二是此次大部分人员的伤亡是发生在乡村和孤寡老人身上。

我国是台风灾害频发的国家，台风中的超强大风、集中强降雨以及与风暴潮叠加造成的损失仍不可低估。2019 年 8 月 10 日在浙江省温岭市沿海登陆的超强台风"利奇马"造成我国 70 余人死亡失踪，直接经济损失超过 500 亿元人民币。因此，在防台减灾方面要坚持预防为主、防抗救相结合，一是坚持科技攻关做好台风监测预报预警工作，守好灾害防御第一道防线；二是加强台风灾害风险管理，重视灾害风险的极端性，并发挥各部门优势共同做好应对工作；三是强化灾害防御的科普宣传，提升农村和基层社区群众的灾害风险意识和避险自救能力。

一、台风概况和特点

2019 年第 19 台风"海贝思"于 10 月 6 日凌晨在西北太平洋上生成，生成后快速加强，7 日早晨至下午 9 小时内强度从台风级加强至超强台风级，中心附近最大风力一度有 17 级以上（65 米/秒），成为 2019 年西北太平洋上最强台风。11 日减弱为强台风级，12 日傍晚在日本伊豆半岛登陆（14 级，42 米/秒，强台风级），13 日凌晨入海并减弱为强热带风暴级，早晨在日本以东洋面上变性为温带气旋，08 时中央气象台对其停止编号。

"海贝思"是 2019 年登陆日本最强的台风，也是登陆日本风圈半径最大和降雨强度最强的台风。具有以下特点：

移动速度快，强度增强异常快。西北太平洋上的台风在向偏西方向移动时平均移速一般为每小时 20 千米，而"海贝思"在转向前的移速达到每小时 25～30 千米，远快于平均移动速度。台风发展时正常情况下每 24 小时增强 6～8 米/秒，24 小时增强 15 米/秒的已属于快速增强台风，而"海贝思"在 21 小时内（6 日 20 时至 7 日 17 时）就增强了 40 米/秒，增速异常快；登陆日本时，10 级风圈半径达 100 千米左右。

登陆强度强，超强台风维持时间长。"海贝思"以强台风级（14 级，42 米/秒）登陆伊豆半岛，是 1949 年以来 10 月登陆日本的第二强台风（表 6-1），仅次于 1951 年以超强台风级（17

级,60 米/秒)登陆九州的台风"鲁丝"(Ruth)。"海贝思"从 10 月 6 日凌晨生成至 13 日早晨变性为热带气旋,生命史有 7 天,但超强台风的维持时间有 4 天多(7 日 06 时至 11 日 08 时),实属少见。

降雨超强,局地达 1000 毫米以上。降雨主要出现在 12 日,受"海贝思"和冷空气共同影响,日本关东、中部和近畿出现暴雨、大暴雨或特大暴雨,东京、埼玉、神奈川、静冈等局地降雨量 400～800 毫米,神奈川箱根累计降雨量达到 1001.5 毫米(日雨量 922.5 毫米),多个站点日降雨量突破当地历史极值,降雨强度极大;日本中西部地区出现 7～9 级阵风,中部沿海及岛屿阵风达 10～14 级。

表 6-1　1949 年以来 10 月登陆日本台风强度前三名统计表

名次	名称	登陆时间	登陆地点	登陆强度
1	Ruth(5123)	1951 年 10 月 14 日	九州	17 级(60 米/秒,超强台风级)
2	海贝思(1919)	2019 年 10 月 12 日	伊豆半岛	14 级(42 米/秒,强台风级)
3	兰恩(1721)	2017 年 10 月 23 日	静冈	13 级(40 米/秒,台风级)
	Tip(7919)	1979 年 10 月 18 日	房总半岛	13 级(40 米/秒,台风级)
	Violet(6127)	1961 年 10 月 10 日	纪伊半岛	13 级(40 米/秒,台风级)

二、影响和灾情

据人民日报海外网和央视新闻报道,截至 10 月 20 日,"海贝思"已造成日本 80 人死亡、11 人失踪、397 人受伤。此外,暴雨洪水还造成 71 处河流决堤,5.24 万处住宅被淹,10 列新干线列车被浸泡,临时存放在福岛县田村市的 2667 袋福岛核电站事故辐射污染物垃圾袋冲入河流。

与今年登陆我国的最强台风"利奇马"相比,"利奇马"台风 8 月 10 日凌晨在浙江省温岭市沿海登陆(16 级,52 米/秒,超强台风级),是 1949 年以来登陆我国大陆的第五强台风,登陆后北上影响浙江、上海、江苏、安徽、山东及河北、天津、辽宁等地,在陆地滞留时间长达 44 个小时,浙江、山东、江苏等地均出现极端强降雨天气,过程累计降雨量有 350～600 毫米,浙江括苍山达 833 毫米。据国家减灾委统计,截至 8 月 14 日 10 时,"利奇马"造成我国 57 人死亡,14 人失踪,209.7 万人紧急转移安置,直接经济损失 537.2 亿元人民币。"海贝思"登陆强度不及"利奇马"、陆地影响时间没有"利奇马"长,但降雨强度极大,造成的人员伤亡较"利奇马"台风偏重。

三、对我国台风灾害防御的启示

日本是自然灾害防御最先进、体系最完备的国家之一,此次防御"海贝思"日本政府做了充分的预先防范措施,提前发布了预警,日本媒体也密集报道此次台风可能造成的危害和警告,呼吁民众做好应对避难措施,但仍然造成严重人员伤亡,主要原因为:一是日本是一个以山地为主的国家,此次超强暴雨造成产流快、汇水急、冲击力大,导致多处河流决堤洪水泛滥成灾,水患极其严重,也充分暴露了日本防范极端暴雨致灾方面存在的软肋;二是乡村地区以及孤寡老人依然是防灾减灾的薄弱环节,和日本 2018 年的洪灾类似,此次大部分人员的伤亡仍然是发生在乡村和孤寡老人身上。

台风灾害防御的启示。我国是台风灾害频发的国家,在台风灾害防御方面已经形成了"政府主导、部门联动、社会参与"的防灾减灾机制,但台风中的超强大风、集中强降雨以及与风暴潮叠加造成的损失仍不可低估。因此,要坚持预防为主、防抗救相结合,减轻台风灾害造成的损失,一是坚持科技攻关做好台风监测预报预警工作,守好灾害防御的第一道防线;二是加强台风灾害风险管理,重视灾害风险的极端性,并发挥各部门优势共同做好应对工作;三是强化灾害防御的科普宣传,提升农村和基层社区群众的灾害风险意识和避险自救能力。

2019 年秋季以来亚洲南美洲大洋洲多地火点偏多，
预计今冬明春我国森林草原防火形势严峻

吴英　赵鲁强　韩焱红　江滢　杨晓丹　郜婧婧

（中国气象局公共气象服务中心　2019 年 12 月 24 日）

摘要：2019 年秋季（9—11 月），全球气温偏高，降水分布不均。风云三号气象卫星全球火点监测与 2018 年同期相比，2019 年秋季南美洲火点偏多约 59％，大洋洲偏多约 19％，亚洲偏多约 16％。与近 5 年火点数相比，2019 年 9 月以来我国江南和华南地区火点数增多分别为 119％和 83％。预计今冬明春我国主要林区降水偏少，气温偏高，森林草原防火形势严峻。

一、秋季以来全球气候特征和火点监测情况

2019 年秋季（9—11 月），全球气温偏高，降水分布不均。全球平均气温为 1880 年以来同期第二高。东亚东部、东南亚大部、欧洲东南部和西南部、澳洲大部、美国西北部和东南部、南美东部和南部的降水量与历史同期相比偏少。

风云三号气象卫星全球火点监测显示：2019 年入秋（9 月）以来，亚洲、大洋洲、欧洲、非洲、北美洲和南美洲都有火点分布。其中，非洲中部和南部、南美洲中部和东部、印度尼西亚、澳大利亚北部和东部沿岸等地火点较多。与 2018 年同期相比，2019 年秋季南美洲火点偏多约 59％，大洋洲偏多约 19％，亚洲偏多约 16％。特别是 12 月 18 日，澳大利亚平均最高气温达 41.9℃，打破了 17 日前创下的高温纪录。雨少温高导致澳大利亚森林火灾频发，造成 8 人死亡，700 多座房屋被毁，200 余万公顷的土地被烧焦。森林大火产生的烟雾令新南威尔士州遭遇史上最严重的空气污染。

2019 年 9 月以来气象卫星监测的我国火点共 2363 个。与近 5 年火点数相比，2019 年 9 月以来火点数较近 5 年同期均值减少约 38％，其中东北、内蒙古地区火点数显著减少，减少约 66％；但受高温干旱影响，江南和华南地区火点数增多分别约 119％和 83％。

二、今冬明春我国气候及森林草原火险气象等级趋势预测

预计今冬明春我国主要林区降水偏少，气温偏高。其中：2020 年 1—2 月，全国气温总体偏高，降水总体呈南北少中间多的分布，华南和西南林区降水偏少；2020 年 3—5 月，全国大部地区气温偏高，降水与历年同期相比北方多南方少。

同时，今年秋季以来我国大部地区气温持续偏高，降水偏少，南方气象干旱明显。由于气候和可燃物载量增多等因素，今冬明春我国森林草原防火形势严峻。

　　森林火险气象等级预测：预计 2020 年 1—2 月，江南东南部、华南中东部、西南地区东部等地的部分地区森林火险气象等级较高；其中，广东西部和北部、广西东部、四川南部、云南北部的局部地区森林火险气象等级高。2020 年 3—5 月，西南地区东部、华北西部和北部、东北地区北部等地森林火险气象等级较高；其中，四川南部、云南北部、山西东部、河北西部和北部、北京北部、河南西南部、黑龙江北部等地的局部地区森林火险气象等级高。

　　草原火险气象等级预测：预计 2020 年 1—2 月，四川西部的草原火险气象等级较高。2020 年 3—5 月，四川北部、甘肃南部、陕西南部、内蒙古东部的草原火险气象等级较高。

　　气象部门将深化与应急管理、林业草原等部门合作，为森林草原防火工作提供坚定的气象保障。一是进一步加强主要林区和草原区的气象干旱及热源点监测，充分利用气象卫星等手段监测林区和草原区以及边境的火情，及时报告相关部门。二是积极与相关部门联动，加强森林草原火险气象等级监测预报，联合相关部门及时发布预警信息，切实发挥防灾减灾第一道防线的作用。三是进一步加强人工影响天气工作，密切关注天气形势变化，抓住有利天气过程开展常态化人工增雨作业，降低森林草原火灾风险。